MONOGRAPHIE

DU

GENRE ONOTHERA

PAR

MONSEIGNEUR H. LÉVEILLÉ

Prélat de la Maison de Sa Sainteté
Secrétaire perpétuel et Ancien Directeur de l'Académie Internationale de Géographie Botanique
Directeur du *Monde des Plantes*
Officier d'Académie

AVEC LA COLLABORATION POUR LA PARTIE ANATOMIQUE

DE

M. CH. GUFFROY

Ingénieur-Agronome (I. N. A.)
Secrétaire de la Société des Sylviculteurs de France et des Colonies
Rédacteur de la *Revue générale d'Agriculture*
Chevalier du Mérite Agricole

Planches hors texte en héliogravure de M. BELLOTTI
D'après les photographies de MM. l'Abbé GORBIN et TRICONNET
Dessins des échantillons d'herbiers par M. GONZALVE DE CORDOUE
Dessins des principaux fruits par M. A. ACLOQUE
Dessins anatomiques et des graines par M. CH. GUFFROY
Descriptions, habitat et clefs analytiques
Distribution géographique des espèces dans l'Amérique du Nord
D'après les cartes de M. A. S. HITCHCOCK
Et dans l'Amérique du Sud d'après les cartes de l'auteur

PRIX : 100 francs (Prix de souscription : **50 fr.**)
Il a été tiré **200** *exemplaires tous numérotés*

LE MANS
IMPRIMERIE MONNOYER
12, PLACE DES JACOBINS, 12

1908

MONOGRAPHIE

DU

Genre Onothera

Par Mgr H. LÉVEILLÉ

Avec la collaboration pour la partie anatomique

De M. Ch. Guffroy

INTRODUCTION A LA TROISIÈME PARTIE

os sympathiques souscripteurs ont bien voulu nous faire un long crédit pour l'apparition de ce troisième volume, qui paraîtra en trois fascicules. Nous leur devons l'explication de ce long retard. D'une part, à la suite de la théorie de la mutation du Professeur Hugo de Vries, qui a fait un certain bruit dans le monde savant, nous nous sommes livré à des recherches expérimentales fort intéressantes et dont on trouvera les conclusions plus loin. D'autre part les recherches anatomiques de notre collaborateur et ami, M. Ch. Guffroy, ont réclamé un certain temps.

Les conclusions anatomiques n'ont pas toujours concordé avec les observations morphologiques. Nous avons tout d'abord tenté de les faire accorder ; toutefois les divergences de vues se sont accentuées dans le groupe Onagra. Nous avons pensé qu'il était plus sage de marcher parallèlement, laissant au lecteur le soin de s'appuyer, selon ses préférences, sur la morphologie ou sur l'anatomie, pour la classification des espèces. Enfin la troisième partie de la monographie intéressant plus spécialement l'Europe, un certain nombre de confrères nous ont demandé de publier cette troisième partie au Bulletin de l'Académie. Nous avons accédé à leur demande et désormais la publication de la monographie se poursuivra régulièrement et prendra fin avec la présente année.

H. LÉVEILLÉ.

CLEF

ESPECES DU GROUPE GODETIA

<table>
<tr><td rowspan="2">1.</td><td>Graines lisses ou sublisses ....</td><td>2.</td></tr>
<tr><td>Graines hérissées........ ....</td><td>3.</td></tr>
<tr><td rowspan="3">2.</td><td>Graines oblongues...................</td><td>O. PULCHERRIMA.</td></tr>
<tr><td>Graines subcylindriques ; fleurs jaunâtres</td><td></td></tr>
<tr><td>sur le sec ....</td><td>O. EPILOBIOIDES.</td></tr>
<tr><td rowspan="3">3.</td><td>Graines prismatiques.................</td><td>O. PRISMATICA.</td></tr>
<tr><td>Graines auriculées en gant, en poche ou</td><td></td></tr>
<tr><td>en oreille de chat...................</td><td>O. AURICULA.</td></tr>
</table>

GROUPE DES GODETIA

E groupe des *Godetia* est extrêmement intéressant à raison de la beauté de ses fleurs dont le coloris est beaucoup plus riche et plus varié que celui des espèces des autres sections du genre *Onothera*. Ses espèces sont déjà répandues largement dans les jardins et cette partie de notre monographie ne peut manquer d'intéresser les amateurs aussi bien que les botanistes.

Fidèles à notre méthode et à notre conception très large du genre, nous rattachons les *Godetia* aux *Onothera.* On nous a reproché l'extrême compréhension donnée à celui-ci. Certes, nous savons bien que dans le genre tel que nous l'avons compris, la forme et les caractères internes du fruit ou de la graine pourraient autoriser de larges et nettes sections. Nous établirons celles-ci à la fin de notre monographie en donnant les diagnoses latines des espèces. Libre à chacun de les considérer comme des genres. Ce que nous avons cherché avant tout c'est la clarté et la simplicité permettant une rapide et judicieuse classification.

38. — **ONOTHERA PULCHERRIMA** Greene

DIAGNOSE

Racine fibreuse, peu rameuse.

Tige élancée, glabre, pubescente dans le haut.

Feuilles petites, linéaires, s'élargissant par la culture.

Fleurs belles, grandes ou moyennes, de couleur chatoyante, tube du calice égalant environ l'ovaire; pétales larges, arrondis, érodés; stigmate quadrifide.

Capsule glabre ou pubescente, très allongée, sessile, en bec assez long, à côtes et à sillons.

Graines lisses ou sublisses, ovales ou oblongues.

Fleurs en juin-juillet dans les lieux humides.

Var. **Brauntoni** an *Œ. purpurea* Wats. non Don ? Port et capsule du *dasycarpa*. Feuilles et fleurs agglomérées en tête. Graines sublisses. Peut-être hybride ?

DISTRIBUTION GÉOGRAPHIQUE

California : Amador Co., 5000 feet, 1846, n° 435 et flore albo; 1895, n° 1090 (Fremont)— Banks little Chico Creek, Butte Co., juillet 1896 ; n° 848 (R. M. Austin); — little Chico Canyon, Butte Co., spring, 1890; n° 124 (C. Bruce) sub *G. rubicunda*. — California : Mendocino Co., juill. 1869; n° 264 (Dr A. Kellog et W. G. Harford).

Var. *Brauntoni* Lévl. — South. California : Los Angeles, 1er juin 1902 (E. Braunton).

39. — **ONOTHERA EPILOBIOIDES** Nutt. ex Torr. et Gr.

SYNONYMIE : *Œ. rubicunda* Torr. et Gr. in Pacific Railway Rep. — *Œ. tenella* Gray in proc. Am. Acad. — *Œ. viminea* Wats. — *Œ. vinosa* Torr. — *Œ. demissa* Gay. — *Sphærostigma epilobioides* Walp. — *Godetia epilobioides* Wats.

DIAGNOSE

Racine fibreuse, peu rameuse.

Tige glabre ou pubescente, dressée, simple ou rameuse.

Feuilles petites nettement denticulées, rappelant celles d'*Epilobium Lamyi,* assez étroites, obtuses ou aiguës.

Fleurs jaunâtres, au moins sur le sec, petites ou moyennes ; stigmate *quadrifide.*

Capsule allongée, pédonculée, légèrement pubescente tétragone, sans sillons.

Graines très petites, lisses ou sublisses, subcylindriques ou très obscurément prismatiques.

Fleurit de mars à octobre dans les montagnes.

DISTRIBUTION GÉOGRAPHIQUE

California : Santa Catalina Island, Avalon (frequent in stany companies ou hillsides, 30 mars 1889 et mai 1897) (*Blanche Traks*). — Lower North California, 19 avril 1886 (*C. R. Orcutt*). — California : San Diego, mai 1852, n° 534 (*Geo. Thurber*). — California : San Diego, near Chollas Valley, 300 feet, 19 avril 1895 ; n° 156 (*Belle Summer Angier*). — W. Texas, El. Paso. — New Mexico, mai-octobre 1849 (*Ch. Wright*). — California : Sierra Inez, 3 juin 1891 (*G. W. Dsonn*). — California : San Diego Co., near Foster, avril 1903 (*H. M. Hall*). — California : Ventura Co. Casitas Pass, in the upper Sonoran Zone, 600 feet, 6-8 mai 1902, n° 3138 (*H. M. Hall*). — California : San Bernardino (*G. R. Vasey*).

Onothera prismatica Lévl.

40. — **ONOTHERA PRISMATICA** Lévl.

Synonymie : *Œnothera amoena* Lehm. — *Œ. affinis* Penny. — *Œ. arcuata* Kellog. — *Œ. bifrons* Lindl. — *Œ. Lindleyana* Steud. — *Œ. Lindleyi* Dougl. — *Œ. macrantha* Nutt. ex Hook. et Arn. — *Œ. roseo-alba* Bernh. — *Œ. rubicunda* Hook. et Arn. — *Œ. vinosa* Torr. et Gr. — *Œ. decumbens* Dougl. — *Œ. Arnottii* Torr. et Gr. — *Œ. lepida* Dietr. Hook et Arn. — *Œ. purpurea* Dur. — *Œ. quadrivulnera* Dougl. ex Lindl. — *Œ. viminea* Torr. (partim). — *Œ. biloba* Durand. — *Œ. Gayana* Steud. — *Œ. tenuifolia* Cav. — *Œ. strigosa* Willd. ex Spreng. — *Œ. dasycarpa* Lévl. — *Œ. viminea* Dougl. — *Œ. sulfurea* Philippi. — *Œ. albescens* Wats. — *Œ. pupurea* Benth. — *Œ. rubicunda* Dur. — ? *Œ. hispidula* Wats. — *Œ. brachypetala* F. M. — *Godetia amœna* G. Don. — *G. Lehmanniana* Spach. — *G. Lindleyana* Spach. — *G. macrantha* Lilja. — *G. Nivertiana* Goujon. — *G. rubicunda* Lind. — *G. vinosa* Lindl. — *G. Arnottii* Walp. — *G. decumbens* Spach. — *G. lepida* Lindl. — *G. quadrivulnera* Spach. — *G. biloba* Wats. — *G. Gayana* Spach. — *G. tenuifolia* Spach. — *G. dasycarpa* Philippi. — *G. viminea* Spach. — *G. albescens* Lindl. — *G. hispidula* Walr. — *G. sulphurea* Philippi.

DIAGNOSE

Racine fibreuse, ordinairement peu rameuse, parfois robuste et rameuse ou semipivotante.

Tige glabre ou velue, souvent luisante, dressée ou redressée, ascendante, parfois diffuse-décombante à épiderme souvent exfolié.

Feuilles petites, variables, linéaires ou lancéolées ou ovales ou même en spathules glabres ou velues, ordinairement entières, parfois denticulées, aiguës ou obtuses, quelquefois à bords roulés.

Fleurs petites ou grandes, à pétales entiers ou érodés ou échancrés ou même bilobés de couleur variée ; stigmate quadrilobé ou quadrifide.

Capsule glabre ou glabrescente ou velue ou hérissée, sessile ou subsessile ou nettement mais brièvement pédonculée, ordinairement tétragone-prismatique, parfois conique, à côtes et sillons ordinairement prononcés.

Graines cubiques ou parallélipipédiques, parfois prismatiques-triédriques, plus ou moins hérissées, rarement glabrescentes, très souvent déprimées sur une face et creusées en bourse.

Fleurit de mars à juillet dans l'hémisphère boréal et en janvier dans l'hémisphère austral. Habite en général les prairies et les lieux herbeux. Certaines variétés affectionnent les lieux secs.

CLEF DES RACES ET VARIÉTÉS DE L'O. PRISMATICA :

1.	Pétales profondément bilobés.........	O. BILOBA.
	Pétales entiers, échancrés ou érodés...	2.
2.	Tube du calice 2-3 fois plus court que l'ovaire...........................	4.
	Tube du calice égalant environ l'ovaire.	3.
3.	Stigmates jaunâtres..................	O. VIMINEA.
	Stigmates pourpres..................	O. TENUIFOLIA.
4.	Capsule courte-conique, hérissée......	O. DASYCARPA.
	Capsule prismatique-tétragone........	5.
5.	Capsule atténuée aux deux bouts......	O. AMŒNA.
	Capsule à peine atténuée à la base.....	6.
6.	Tiges diffuses; feuilles courtes; capsule pubescente........................	O. QUADRIVULNERA
	Tiges dresssées; feuilles allongées; capsule glabrescente..................	O. GAYANA.

DISTRIBUTION GÉOGRAPHIQUE

Variété **biloba** Durand

California : Sequoia region, Amador Calavera Co., Green Point, 1500 feet, juill. 1895; n° 1165 (*Geo Hansen*). — California : Amador Co., New-York Falls, 200 feet., Agr. Station, juin 1891; n° 23

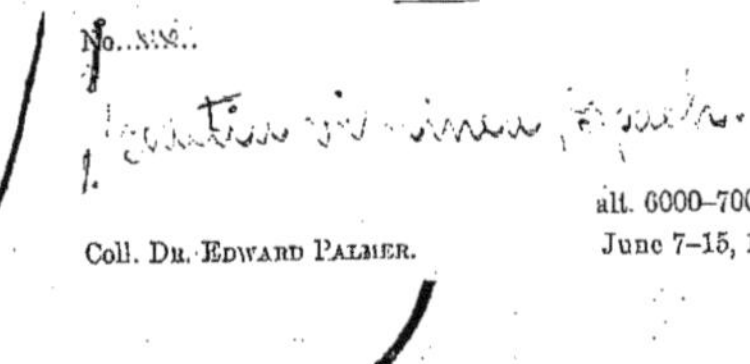

Onothera prismatica Lévl.
var. VIMINEA Dougl.

(*Geo Hansen*). — California : Sierra Nevada, 1875 ; n° 4483 (*John Muir*). — California : 12379 (*J. S. Martindale*). — 1851 (*C. C. Parry*).— California : Calavera Co., juin 1885 (*V. Rattan*).— California, 1846; n° 430 (*Frémont*). — California : Mount Bullion, 1866 ; n° 6364 (*H. N. Bolander*). — California : near Mokelume Hill, 1885 *Volney Rattan*). — North California, 1848 (*Hartweg*).

Variété **viminea** Dougl.

North America Pacific Coast, 1888 ; n° 60 (*C. C. Parry*). — S. E. California : hillsides middle Tule, 3600 feet, avril-sept. 1897 ; n° 5035 (*Purpus*). — California, 1876 ; n° 143 (*E. Palmer*). — California : Ukiah, Vichy springs, 22 juin 1891 ; n° 12 (*Pritchey*). — California : Chico Co., 1887 (*C. C. Parry*). — California : Sierra Nevada, Coulterville, 15 août 1872; n° 2359 (116), (*John Redfield*). — California : in pratis Yosemite, 17 août 1872 ; n° 2360 (116) (*J. H. Redfield*) — South California : green Horn Mountains, Kern Co., 6000-7000 feet ; 7-15 juin 1888 ; n° 66 (*Dr Edw. Palmer*). — California (*Hansen*).

Variété **tenuifolia** Cav.

California, 2354 ; 270 (Dr *A. Kellogg* et *W. G. W. Harford*. — Chili : Chillon et Chiguayante, 9 février 1892 (*Otto Kuntze*).

Variété **dasycarpa** Lévl.

California : Amador Co., juin 1892, 800 feet ; n° 532 (*Geo Hansen*). — California : near Potrero, juin 1889 (*C. R. Orcutt*). — California : Amador Co., New-York Falls, 1500 feet, 8 juin 1896 ; n° 1722 (*Geo Hansen*). — Oregon : Portland 3 juillet 1869 ; n°ˢ (271) 2357, sub *Œ. viminea* (*W. G. Harford*). — California : 1846, n° 441 (*Frémont*). — California : Ukiak, 20 juin 1891 ; n° 3 sub *Œ. quadrivulra* (*Pritchey*). — California : Butte Co., near Clear Creek, 175 feet,

15-3o avril 1897; n° 212 sub *G. lepida* Lindl. (*H. E. Brown*). —
California : Potrero, juin 1868, n° (265) 2358, sub *O. viminea* Douglas (*Dr A. Kellogg* et *W. G. W. Harford*). — North American Pacific Coast, Monterey, 1887 sub *G. lepida* Lindl. (*C. C. Parry*). —
California : near San Francisco, 1868-69 ; n° (273) 2342 sub *Œ. albescens* Lindl. (*Dr A. Kellogg* et *W. G. W.. Harford*). — Oregon :
Roseburg Umpqua Valley, 26 juin 1887 ; n° 1143, sub *G. lepida*
var. *Arnottiana* Wats. (*Thomas Howell*). — Oregon, 1871 ; n° (194)
235o sub *Œ. lepida* Hook. et Arn. var. *parviflora* Wats. Rev. A depauperate small flowered var. (*Elihu Hall*). — California : San Diego,
1854 ; n° 2351 (*A. Cleveland*). — California : 1868, n° (266) 2352, sub
Œ. lepida var. *parviflora*, *OE. decumbens* Dougl. (*Dr A. Kellogg* et
W. G. Harford). — Oregon : 1871, n° (193) 2353. 193. *Œnothera
purpurea* Curt. Bot. Mag. t. 352 a small flowered form which inclu-
des *Œ. lepida* and *OE. quadrivulnera*. 194 A depauperate small flo.
wered variety of the same (*Elihu Hall*). — Chili : prov. Valdivia (*R
A. Philippi*). — California : Solano Co., Hartley, locally common
along grassy banks, 7 mai 1903 ; n° 2884 (*C. F. Baker*).

Variété amœna Lehm.

North America Pacific Coast, 1881 (*C. C. Parry*). — California :
near Yreka, Siskiyou Co., 9 juin 1876 ; n° 835 (*Edw. L. Greene*). —
Oregon, 1871 ; n° 192 (*Elihu Hall*). — Washington : entre Olympia
et Gate city, Thurston Co., 5oo feet, 15 juillet 1898 (*A. A.* et *Gertrude Heller*). — California : San Bernardino Co., foot
hills, 15oo feet, 29 mai et 28 juin 1888, sub *G. Bottæ*
(*S. B. Parish*). — Washington : King Co, Bainbridge island, 20 juin, 12 juillet 1898 (*T. E. Savage, J. E. Cameron, F. E. Lenocker*). — California : San Luis Obispo,
26 juin 1876 ; n° 10110 (*E. Palmer*). — California : Sierra
Nevada Crane Flat, 15 août 1872 ; n°ˢ 114 et 2347 (*John H.
Redfield*). — California : Morrisson Canon, 20 juin 1897
(*W. L. Jepson*). — Oregon, 1871 ; n° (192) 2348 sub
Œ. epilobioides Wats. Rev. one of the Oregon Godetia

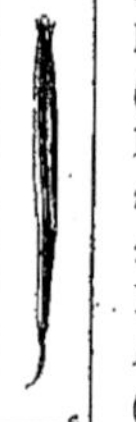

Capsule

which have been refered to *Œ. tenella*. A remarquer la capsule cylindrique indiquant la variabilité du port de cette forme (*Elihu Hall*). — California, 1868 ; n° (272) 2345 (*Dr A. Kellogg* et *W. G. W. Harford*). — Oregon, 1871 ; n° (191) 2343 (*Elihu Hall*). — California : in collibus nudis Sancelitos, 12 août 1872 ; n° (117) 2346 (*John H. Redfield*). — Oregon, 1871, n° 191 (*Elihu Hall*). — Washington : Skamania Co, on the hillsides near Chenowith, 16 juin 1892 ; n° 2129 (*W. N. Suksdorf.*)

Variété quadrivulnera Dougl.

California : San Diego, 100 feet, 10 avril 1895 ; n° 158 (*Belle Summer Angier*). — California : San Bernardino Co., waterman Canero, 3000 feet, San Bernardino mountains and their eastern base, 10 juin 1888 et 29 juin 1894 ; n° 3485 (*S. B. Parish*). — Avalon, Santa Catalina island, occasionally run on dry upland hills, rose purple flowers, mai 1896, mai 1897 ; on dry hills, common in a few localities, Chemy Valley, sub *G. lepida* et sub var. *parviflora* (*Blanche Trask*). — South. California, 1876 ; n° 138 (*C. C. Parry* et *J. G. Lemmon*). — 2355 (*Mss. S. P. Monks*). — California : Butte Co., Chico Plains, mai 1896 ; n° 226 (*R. M. Austin*). — California : Modoc Co., low flat land wet in spring but dry at time of collection, 20 juin 1893 (*Milo S. Baker*). — California : San Diego, mai 1852, n° 533 (*Geo Thurber*). — Oregon : Umpqua Valley, 18 juin 1887 (*Thomas Howell*). — California, 1893 (*Franceschi*). — California : San Luis Obispo Co., Coast Hills, 25 mai 1883 et Arroyo Grande, 21 avril 1882 ; n° 315 (*R. W. Summer*). — California : San Bernardino Co., San Bernardino, 1000-2500 feet, 1899 ; n° 5235 (*S. B. Parish*). — Chili : Los Angeles, 1891 (*R. A. Philippi*) sub *Godetia tenuifolia* Spach. — Chili : Salto S. Ramon prope Santiago, 5 décembre 1882, (*R. A. Philippi* sub *G. Cavanillesii atropurpurea.*—Valparaiso (*Carlos Porter*). — California : Siskiyou Co., Sharta Valley, lower edge of transition zone, 3600 feet, juin 1903 ; n° 4088 (*H. M. Hall et E. B. Babcock*).

Variété **Gayana** Steud.

Chili : Araucania, Cule, janv. 1894 (*R. A. Philippi*), — Chili : Araucania, Angol, nov. 1887 (*R. A. Philippi*).—Chili : Concepcion, janv. 1891 (*R. A. Philippi*).

L'*O. sulfurea* (*Godetia sulphurea* Philippi) de l'Araucanie (Chili) présente par son port et la couleur de ses fleurs une grande analogie avec l'*O. epilobioides*. Seule, l'étude des graines, pourra indiquer s'il y a lieu de le séparer de notre *prismatica*.

41. — **ONOTHERA AURICULA** Lévl.

SYNONYMIE : *Œnothera tenella* Cav. — *ŒE. purpurea* Gray - *ŒE. Bottæ* Torr. et Gr. — *ŒE. californica* Dietr. — *ŒE. Godetia* Steud. — *ŒE. rubicunda* Torr. et Gr. — *ŒE. tenella* Gray in proc. Bost. Soc. Hist.. Nat. — *Œ. purpurea* Curtis. — *ŒE. Williamsoni* Wats. — *ŒE. Whitneyi* Gray, Hort. — *Œ. grandiflora* Wats. — *Godetia tenella* Steud. — *G. Cavanillesii* Spach. — *G. Bingensis* Suksdorf. — *G. Bottæ* Spach. — *G. purpurea* Don. — *G. Willdenowiana* Spach. — *G. Williamsoni* Wats., G. Dur. et Hilg. — *G. grandiflora* Lindl. — *G. Whitneyi* T. Moore. — *Holostigma Bottæ* Spach. — *Onagra purpurea* Mœnch.

DIAGNOSE

Racine fibreuse, peu rameuse.

Tige glabre ou pubescente, le plus souvent luisante, simple ou rameuse, dressée ordinairement ou ascendante.

Feuilles petites, sublinéaires ou lancéolées ou même ovales, parfois denticulées, aiguës ou obtuses, ordinairement glabres.

Fleurs petites ou grandes, à pétales entiers ou échancrés ou érodés, de couleur variée ; stigmate quadrifide.

Capsule glabre ou pubescente ou soyeuse, sessile ou subsessile ou pédonculée, prismatique à 4 côtes et à 4 sillons ou à sillons peu marqués ou même subcylindrique.

Graines auriculées, en forme de gant ou d'oreilles de chat ou de poches ; ordinairement hérissées.

Fleurit de mars à septembre. Stations variées.

Clef des Variétés de l'O. auricula

1. { Capsule nettement pédicellée .... O. Bottæ.
    { Capsule sessile ou subsessile............ 2.

2. { Capsule subcylindrique soyeuse......... O. Whitneyi.
    { Capsule prismatique à 4 côtes et à 4 sillons. 3.

3. { Fleurs rouges........................ O. tenella.
    { Fleurs polychromes .... O. Williamsoni

DISTRIBUTION GÉOGRAPHIQUE

Variété **Bottæ** Torr. et Gray.

California : near Yreka, Siskiyou Co., 9 juin 1876 ; n° 834 (*Edw. L.Greene*) — California : Coast Range, San Francisco sub *O. rubicunda*, mai 1865 ; n°ˢ 370 et 125 (*H. Bolander*). — Warwona, Yosemite Route, 15 juin 1891, n° 81 (*Pritchey*); fleurs rouges. — Ile de Vancouver, vicinity of Victoria, 21 juillet 1893 ; n° 253 (*John Macoun*). — California, cultivé; n° 2667. — California : Waterman Canon, 3000 feet, San Bernardino Mountains and their eastern base, 29 juin 1894 ; n° 3079 (*S. B. Parish*). — South. California : Riverside Co., Box Springs, mai 1897 (*H. M. Hall*). — California : Sierra Inez, 21 mai 1891 (*G. W. Dunn*). — California : San Bernardino Co., Mill Creek Canon, 3000 feet, 21 juin 1901 ; n° 5054 (*S. B. Parish*).

Variété **Whitneyi** Gray

California : 6534. — Humboldt Co., 1866 (*H. N. Bolander*). —

Variété **tenella** Cav.

California : Sierra Inez, 6 juin 1891 (*G. W. Dunn*). — California : Humboldt Co., fields and open hillsides, 1888 (*C. C. Marshall*). —

California : San Bernardino Co, 1876 ; n° 134 (*C. C. Parry et J. G. Lemmon*). — Nevada : Carson City, foothills, 5500 feet, 31 mai 1897 (*Marcus E. Jones*). — California 1889 (*C. C. Parry*). — California : Amador Co, Sequoia region, Aqueduct, 2500 feet, 25 juin 1896 (*Geo Hansen*). — California : arrow Head-Springs, 12 mai 1891 ; n° 56 (*Pritchey*). — Washington : W. Klickitat Co., on dry ground at Bingen, 4 juill. 1892, sub *G. Bingensis* (*W. N. Suksdorf*). — California : Amador, Co., pine Grove, 2500 feet, mai 1895 ; n° 1157 (*Geo Hansen*). — California (*J. M. Ordway*). — California : near Yreka, Siskiyou Co., 9 juin 1876 ; n° 836 (*Edw. L. Greene*). — California : San Diego, 1874 ; n° 2556 (*Cleveland*). — Clarke Co., 10 m. from San Luis Obispo, 2 juillet 1876 ; n° 10111 (*E. Palmer*). — Colton, 1881, 60 1/2 (*C. C. Parry*). — California : Amador Co., 800 feet, juin 1892; n° 532 (*Geo Hansen*). — Lower North. California : Sanzal, 21 mai 1886 (*R. Orcutt*). — California : near Los Angeles, 1890 (*Dr A. Davidson*). — Washington : W. Klickitat Co., on dry ground near the Columbia River, 1er juill. 1892 (*W. N. Suksdorf*). — Oregon : 1871 ; n° 193 sub *O. purpurea* Curtis et n° 194, forme depauperata (*Elihu Hall*). — California : Ventura Co, Ajai Valley, mai 1902 ; n° 3192 (*H. M. Hall*). — Patagonia, n° 522 (*Moreno* et *Tassini*).

Capsule

Sous-Variété **Williamsoni** Wats.

California : Amador Co., New York Falls. Agric. Station, 2000 feet, juill. 1892, n° 36 (*Geo Hansen*). — Eastern Nevada, 1883 ; n° 2295 (*Meehan*). — South east. California : hillsides chiddle Tule, 4000-5000 feet, avril-sept. 1897 ; n° 5574 (*C. A. Purpus*) South. California : Potato Cañero, 3000 feet, San Bernardino Mountains and their eastern bases, 13 juin 1894 ; n° 3222 (*S. B. Parish*). — California : Yosemite national Park, vicinity of Hog Ranch ; meadows of the transition zone, 4700 feet, juillet 1902 ; n° 3313 (*H. M. Hall* et *E. B. Babcock*).

Oregon : Umpqua Valley ; 18 juin 1887 ; n° 1144, sub *G. quadri-vulnera* Spach (*Thomas Howell*).

Tube du calice égalant l'ovaire.

Hybrides

(*O. auricula* Lévl. var. *Bottæ* Torr. et Gr. × *vimineoides* Lévl. *Bottæ* × *viminea* Dougl.)

A les capsules pédicellées du *Bottæ* et les fleurs du *viminea*. Les graines sont intermédiaires entre celles des *O. auricula* et *prismatica*.

California : Mendocino, 500 feet, juin 1898, sub *G. amoena* Lilja (*H. E. Brown*).

O. prismatica Lévl. var. *amoena* Lehm × *Bottæoides* Lévl. (*O. amoena* × *Bottæ*).

Feuilles d'*O. amoena* et capsules d'*O. Bottæ*. Les graines tiennent des *O. prismatica* et *auricula*.

South east. California : open woods near Chiddle Tule, 3000-5000 feet, avril-sept. 1897 ; n° 5036 (*C. A. Purpus*).

GROUPE DES GODETIA

I. — DESCRIPTION DES TYPES

Onothera pulcherrima

EUILLE épaisse de 415 µ.

MÉSOPHYLLE centrique.

FAISCEAU LIGNEUX large de 79 µ, épais de 34 µ (R. = 2,32).

POILS finement verruqueux, tous dressés ou inclinés, aigus, longs de 32-220 µ, larges de 14-30 µ, à paroi épaisse de 2-6 µ.

Onothera auricula

FEUILLE épaisse de 410-415 µ.

MÉSOPHYLLE entièrement palissadique.

FAISCEAU LIGNEUX large de 100 µ, épais de 37 µ (R. = 2,70).

POILS de 2 natures : les uns lisses, utriformes, dressés ou inclinés, longs de 35-40 µ, larges de 10-13 µ ; les autres finement verruqueux, aigus, tous dressés ou inclinés, longs de 38-150 µ, larges de 13-26 µ, à paroi épaisse de 2-4 µ.

Onothera Bottæ

Diffère de l'espèce précédente par sa feuille épaisse de 240 µ, son mésophylle sensiblement centrique, son faisceau ligneux large de 115 µ, épais de 47 µ (R. = 2,44).

Onothera epilobioides

Feuille épaisse de 170 μ.
Mésophylle centrique.
Faisceau ligneux large de **74** μ, épais de 37 μ (R. = 2).
Poils de 2 natures : les uns lisses, utriformes, dressés, inclinés ou
appliqués, longs de 30-44 μ, larges de 10-14 μ; les autres très finement verruqueux, à paroi épaisse de 1,5-2 μ, et de deux sortes :
dressés ou inclinés, longs de 50-145 μ, larges de 10-24 μ; appliqués,
longs de 42-60 μ, larges de 12-14 μ.

Onothera prismatica

Feuille épaisse de 305 μ.
Mésophylle centrique.
Faisceau ligneux large de 152 μ, épais de 60 μ (R. = 2,53).
Poils de 2 natures : les uns lisses, utriformes, inclinés ou appliqués,
longs de 40-55 μ, larges de 13-16 μ; les autres finement verruqueux, et de deux sortes : dressés ou inclinés, à extrémité parfois
recourbée, longs de 40-205 μ, larges de 12-25 μ, à paroi épaisse de
2-4 μ; arqués-appliqués, longs de 75-160 μ, larges de 14-22 μ, à
paroi épaisse de 1,5-4 μ.

Onothera quadrivulnera

Diffère de l'espèce précédente par son faisceau ligneux, large de 131 μ,
épais de 47 μ (R. = 2,78); ses poils lisses longs de 30-60 μ, larges
de 15-20 μ; ses poils verruqueux dressés longs de 44-480 μ, larges de
20-41 μ, à paroi épaisse de 2-6 μ; les arqués longs de 210-315 μ,
larges de 23-28 μ, à paroi épaisse de 3-4 μ.

Onothera biloba

Feuille épaisse de 255 μ.
Mésophylle centrique.

Faisceau ligneux large de 72 μ, épais de 36 μ (R. = 2).

Poils de 2 natures : les uns lisses, dressés ou inclinés, longs de 32-64 μ, larges de 13-15 μ ; les autres finement verruqueux, et de deux sortes : dressés ou inclinés, longs de 36-100 μ, larges de 12-15 μ, à paroi épaisse de 2-3 μ ; arqués-appliqués ou appliqués, longs de 70-165 μ, larges de 11-22, μ, à paroi épaisse de 2-5 μ.

Onothera Gayana

Diffère du précédent par son faisceau ligneux large de 100 μ, épais de 55 μ (R. = 1,81); ses poils lisses longs de 30-40 μ, larges de 12-19 μ; ses poils verruqueux dressés longs de 27-105 μ, larges de 13-25 μ, à paroi épaisse de 2-5 μ ; ses poils appliqués longs de 65-125 μ, larges de 14-22 μ, à paroi épaisse de 3-5 μ.

II. — DESCRIPTION RÉSUMÉE DES SECTIONS

Rhytidotrichæ

Feuille épaisse de 415 μ.

Mésophylle centrique.

Faisceau ligneux large de 79 μ, épais de 34 μ (R. = 2,32).

Poils finement verruqueux, tous dressés ou inclinés, aigus, longs de 32-220 μ, larges de 14-30 μ, à paroi épaisse de 2-6 μ.

Heterotrichæ

Feuille épaisse de 170-415 μ.

Mésophylle centrique, parfois entièrement palissadique.

Faisceau ligneux large de 72-152 μ, épais de 36-60 μ (R. = 1,81 à 2,78).

Poils de 2 natures : les uns lisses, utriformes, dressés ou inclinés, longs de 30-64 μ, larges de 10-20 μ; les autres finement ou très finement verruqueux, dressés, inclinés, arqués ou appliqués, longs de 27-480 μ, larges de 10-41 μ, à paroi épaisse de 2-6 μ.

III. — CONSPECTUS DES ESPÈCES

I. Seulement des poils verruqueux, tous dressés ou inclinés, longs de 32-220 μ == *O. pulcherrima*.

II. Des poils lisses (utriformes) et des poils verruqueux.

    A. Poils verruqueux tous dressés ou inclinés, longs de 38-150 μ.

        α. Mésophylle entièrement palissadique. Feuille épaisse de 410-415 μ = *O. auricula*.

        β. Mésophylle centrique. Feuille épaisse de 240 μ = *O. Bottæ*.

    B. Poils verruqueux les uns dressés ou inclinés, les autres arqués ou appliqués.

        α. Poils très finement verruqueux, à paroi épaisse de 1,5-2 μ, les dressés longs de 50-145 μ, les appliqués de 42-60 μ. Faisceau large de 74 μ, épais de 37 μ = *O. epilobioides*.

        β. Poils seulement finement verruqueux, à paroi épaisse de 1,5-6 μ.

            ⊙ Feuille épaisse de 305 μ; faisceau large de 131-152 μ.

                + Poils dressés longs de 40-205 μ, larges de 12-25 μ; les appliqués longs de 75-160 μ, larges de 10-22 μ. Faisceau ligneux large de 152 μ, épais de 60 μ. = *O. prismatica*.

                + Poils dressés longs de 44-480 μ, larges de 20-41 μ; les appliqués longs de 210-315 μ, larges de 23-28 μ. Faisceau ligneux large de 131 μ, épais de 47 μ. = *O. quadrivulnera*.

⊙ Feuille épaisse de 255 μ; faisceau large de 72-100 μ.

    + Faisceau ligneux large de 72 μ, épais de 36 μ.
    = *O. biloba.*

    + Faisceau ligneux large de 100 μ, épais de 55 μ.
    = *O. Gayana.*

IV. — GROUPEMENT EN SECTIONS

1ʳᵉ Section (Rhytidotrichæ) : *O. pulcherrima.*

2ᵉ Section (Heterotrichæ) :

    1ʳᵉ Sous-section : *O. auricula, Bottæ.*

    2ᵉ Sous-section : *O. epilobioides, prismatica, quadrivulnera, biloba, Gayana.*

V. — CLASSIFICATION

Spec. 1 : *Onothera pulcherrima.*

    2 : — *auricula.*

        β. Bottæ.

    3 : — *epilobioides.*

    4 : — *prismatica.*

        β. quadrivulnera.

        γ. biloba.

        γ'. Gayana.

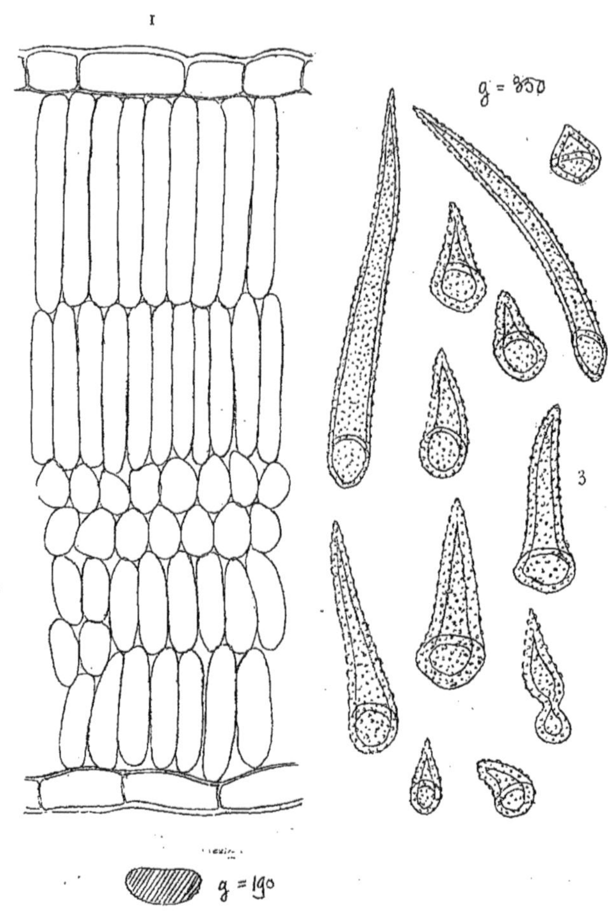

Dessins anatomiques d'O. PULCHERRIMA

1, Coupe transversale de la feuille (grossissement : g = 350). — 2, Coupe transversale du faisceau ligneux (g = 190). — 3, Poils finement verruqueux, dressés ou inclinés (g = 350).

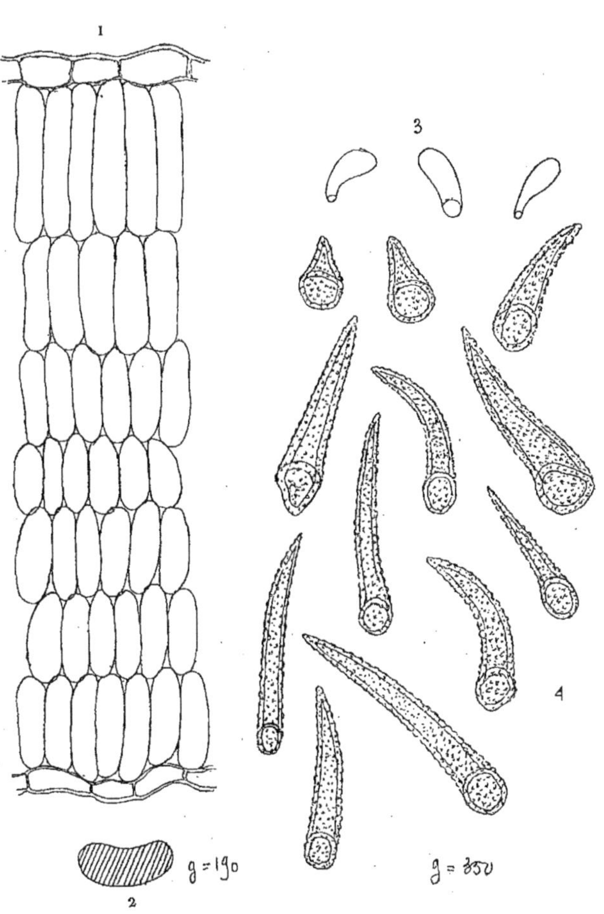

DESSINS ANATOMIQUES D'O. AURICULA

1, Coupe transversale de la feuille (grossissement : g = 350). — 2, Coupe transversale du faisceau ligneux (g = 190). — 3, Poils lisses (g = 350). — 4, Poils finement verruqueux, dressés ou inclinés (g = 350).

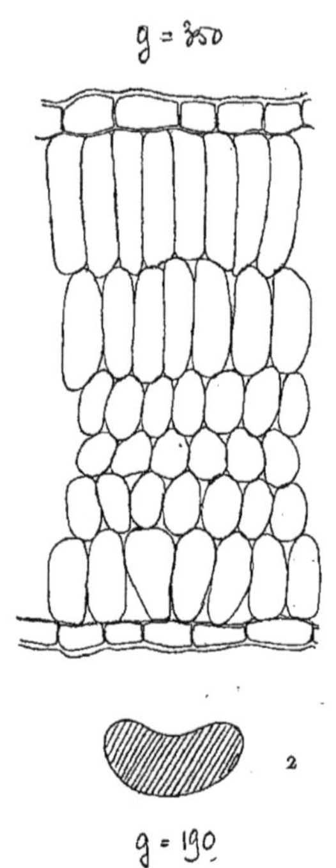

Dessins anatomiques d'O. Bottæ

1 Coupe transversale de la feuille (grossissement : g = 350). — 2, Coupe transversale du
faisceau ligneux (g = 190).
Nota : Le reste des caractères semblable à O. auricula.

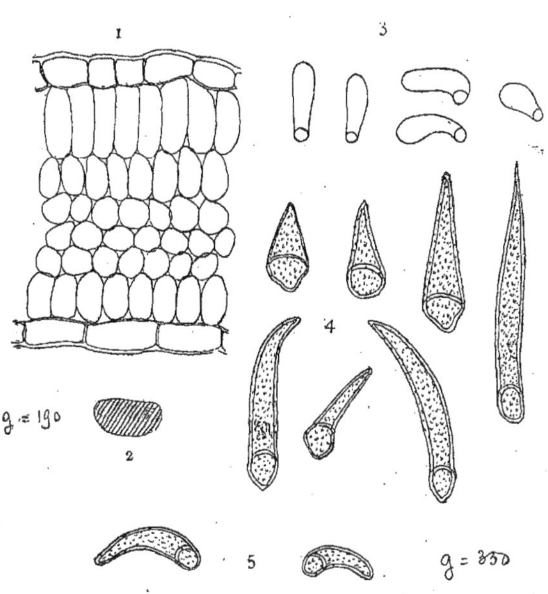

DESSINS ANATOMIQUES D'O. EPILOBIOIDES

1, Coupe transversale de la feuille (grossissement : g = 350). — 2, Coupe transversale du faisceau ligneux (g = 190). — 3, Poils lisses (g = 350). — 4, Poils très finement verruqueux, dressés ou inclinés (g = 350). — 5, Poils très finement verruqueux, appliqués (g = 350).

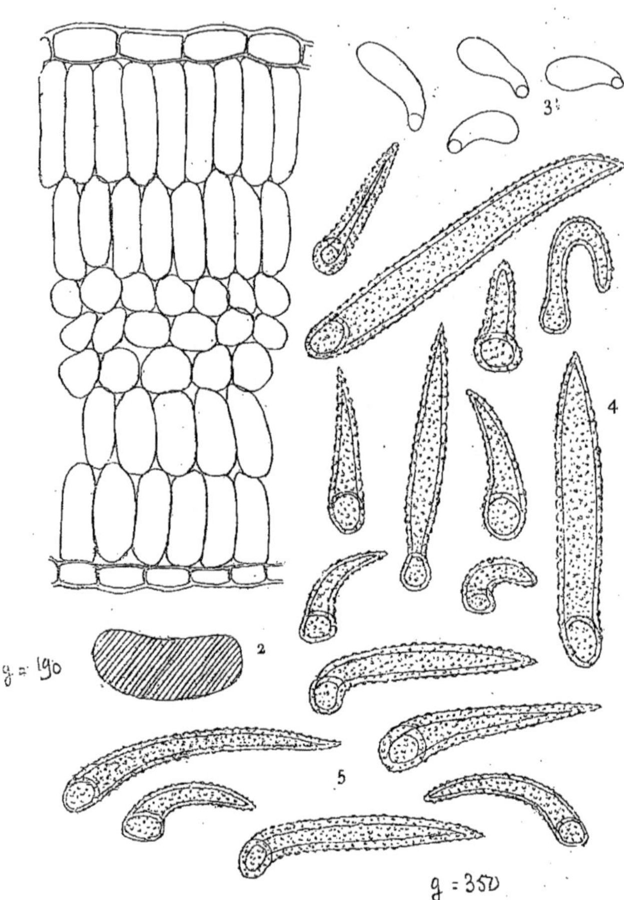

DESSINS ANATOMIQUES D'O. PRISMATICA

1, Coupe transversale de la feuille (grossissement : g = 350). — 2, Coupe transversale du faisceau ligneux (g = 190). — 3, Poils lisses (g = 350). — 4, Poils finement verruqueux dressés ou inclinés (g = 350). — 5, Poils finement verruqueux, arqués-appliqués, g = 350).

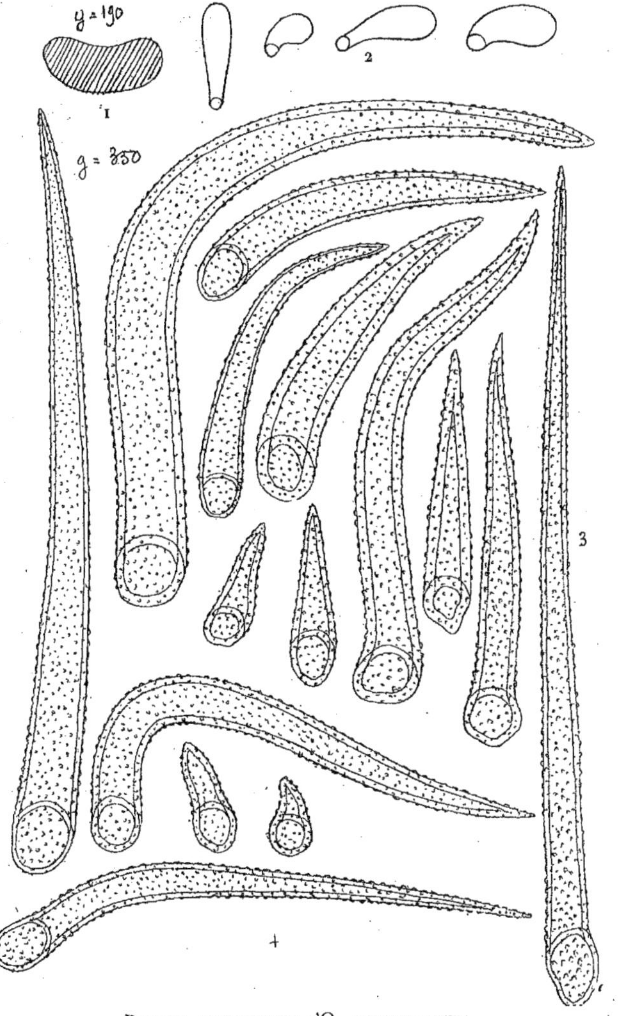

DESSINS ANATOMIQUES D'O. QUADRIVULNERA

1, Coupe transversale du faisceau ligneux (g = 190). — 2, Poils lisses (g = 350). — 3, Poils verruqueux, dressés ou inclinés (g = 350). — 4, Poils verruqueux, arqués (g = 350).
NOTA : Coupe transversale de la feuille semblable à celle d'O. prismatica.

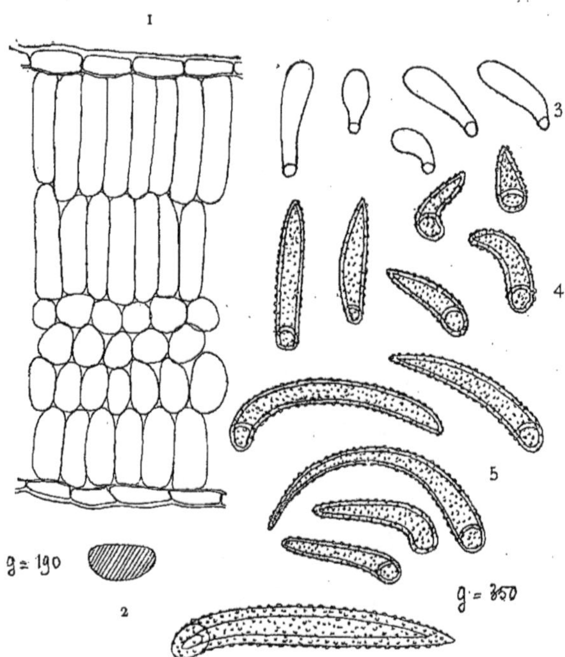

DESSINS ANATOMIQUES D'O. BILOBA

1, Coupe transversale de la feuille (grossissement : g = 35o). — 2, Coupe transversale du faisceau ligneux (g = 19o). — 3, Poils lisses (g = 35o). — 4, Poils finement verruqueux, dressés ou inclinés (g = 35o). — 5, Poils finement verruqueux, arqués-appliqués ou appliqués (g = 35o).

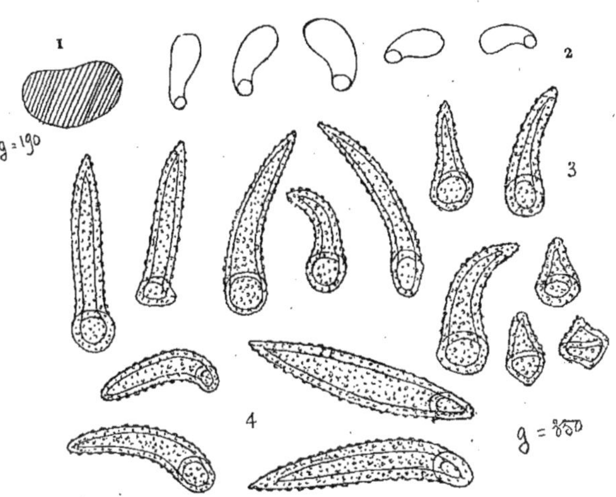

DESSINS ANATOMIQUES D'O. GAYANA

1, Coupe transversale du faisceau ligneux (g = 190). — 2, Poils lisses (g = 350). — 3, Poils verruqueux, dressés ou inclinés (g = 350). — 4, Poils verruqueux arqués-appliqués (g = 350).

NOTA : Coupe transversale de la feuille semblable à celle d'O. biloba.

CLEF

ESPÈCES DU GROUPE CLARKIA

---

1. { Pétales trilobés...................... O. PULCHELLA.
    { Pétales entiers ou seulement émarginés ....   2.

2. { Sépales plus longs que les pétales .... O. RHOMBOIDEA.
    { Pétales plus longs que les sépales.... .... O. ELEGANS.

42. — **ONOTHERA RHOMBOIDEA** Lévl.

Synonymie : *Clarkia rhomboidea* Dougl. — *Cl. elegans* Poir. — *Cl. Breweri* Greene. — *Cl. virgata* Greene. — *Cl. Xantiana* Gray. — *Cl. lancifolia* Lévl. — ? *Cl. Eiseneana* Kellogg. — *Œnothera lancifolia* Lévl. — *Opsianthes gauroides* Lilja. — *Guaropsis lancifolia* Presl.

DIAGNOSE

Racine fibreuse, rameuse.

Tige élancée, glabrescente, s'exfoliant.

Feuilles ovales ou lancéolées allongées, pétiolées, entières ou sinuées devenant bractéiformes au sommet des tiges.

Fleurs roses, petites, sépales acuminés plus longs que les pétales ; pétales ovales obtus entiers ou émarginés ; étamines égales aux pétales et au stigmate bilobé à lobes épais.

Capsule stipitée, courbée, pubescente.

Graine cubique, papilleuse, de couleur chocolat.

Fleurit en été dans les montagnes et les lieux montueux.

DISTRIBUTION GÉOGRAPHIQUE

Oregon west Kootenay (*Dr Lyall*). — California, (*Hooker et Gray*). — California : Kern Co, Jyan Mts. (*Coville* et *Funston*). — California : Amador Co. (*Geo Hansen*). — Missouri, Oregon, Montagnes rocheuses. — California : Sierra Nevada Mountains, Plumas Co., north fork Feather river, 4400 feet, juill. 1903, n° 4122 (*H. M. Hall* et *E. B. Babcock*).

43. — **ONOTHERA PULCHELLA** Lévl.

Synonymie : *Clarkia pulchella* Pursh. — *Cl. pulcherrima* Hort.

DIAGNOSE

Racine fibreuse, rameuse.

Tige grêle, pubérulente.

Feuilles *linéaires* ou lancéolées, parfois graminiformes, atténuées longuement en pétiole, pubescentes ou glabrescentes, entières.

Fleurs violacées assez grandes ; sépales acuminés plus courts que les pétales ; pétales longuement onguiculés, trilobés à lobes profonds et obtus ; étamines atteignant à peine la lame des pétales ; style plus long que les étamines mais bien plus court que les pétales ; anthères flexueuses, souvent roulées en crosses ; stigmate discoide, quadrilobé.

Capsule stipitée à 4 angles et à 4 sillons, pubescente, amincie au sommet.

Graine fauve, oblongue, comprimée, creusée.

DISTRIBUTION GÉOGRAPHIQUE

Canada (*G. M. Dawson*). — Dakota : Celack Hills (*W. H. Fanwood*). — Idaho : Nez Perces Co., hillsides valley of Hatwaï Creek (*H. Sandberg*). — Oregon : Cascade Mts. R. Fort Colville, n° 171 (*Dr Lyall*). — Eastern Oregon, dry soil (*W. Cusick*). — Washington : Whitman Co. (*Pullman*). — Oregon : Columbia River (*Dr Lyall*). — California : Bridges.

La graine nous oblige à conserver comme distincte cette espèce qui est également distincte par ses feuilles, des *O. rhomboidea* et *elegans*.

44. — **ONOTHERA ELEGANS** Lévl.

Synonymie : *Clarkia elegans* Dougl. — *Cl. unguiculata* Lindl. —
Phæostoma Douglasii Spach. — *Ph. elegans* Lilja.

DIAGNOSE

Racine fibreuse, rameuse.

Tige élancée, luisante, s'exfoliant.

Feuilles ovales, glaucescentes, à peine denticulées, subacuminées,
nettement pétiolées.

Fleurs violacées, sépales velus, acuminés ; pétales onguiculés arrondis, non divisés, dépassant les étamines incluses ; étamines plus
courtes que le style exsert à stigmate quadrilobé en coupe.

Capsule sessile, velue, amincie au sommet, 4-gone.

Graine en forme de gant ou à 3 angles.

DISTRIBUTION GÉOGRAPHIQUE

California : Hills Newhall (*C. G. Pringle*). — California (*G. R.
Vasey, Hooker, Gray, Fremont*). — California : Potter Valley. —
California : Kern Co (*V. Coville* et *F. Funston*). — California : Ama-
dor Co (*Geo Hansen*). — California : Sacramento village (*Hartweg*).
— California et Oregon (*R. W. Summers*).

GROUPE DES CLARKIA

I. — DESCRIPTION DES TYPES

Onothera elegans

EUILLE épaisse de 190-195 μ.

Mésophylle centrique. ·

Faisceau ligneux large de 132 μ, épais de 68 μ (R = 1,94).

Poils nuls.

Onothera rhomboidea

Feuille épaisse de 305 μ.

Mésophylle centrique.

Faisceau ligneux large de 237 μ, épais de 63 μ (R = 3,76).

Poils de deux natures : les uns lisses, utriformes, dressés ou inclinés-couchés, longs de 35-50 μ, larges de 14-18 μ ; les autres finement verruqueux, obtus ou obtusiuscules, larges de 12-18 μ, à paroi
épaisse de 2-3 μ, et de deux sortes : dressés ou inclinés, longs de
75-180 μ ; arqués ± appliqués, longs de 85-120 μ.

Epiderme supérieur épais d'environ 25 μ ; cellules palissadiques supérieures hautes de 70-75 μ.

Onothera pulchella

Feuille épaisse de 200 µ.

Mésophylle centrique.

Faisceau ligneux large de 100 µ, épais de 38 µ (R = 2,63).

Poils de deux natures, les uns lisses, nombreux, utriformes, dressés ou inclinés-couchés, longs de 35-60 µ, larges de 15-17 µ ; les autres finement verruqueux, obtus ou obtusiuscules, larges de 10-20 µ, à paroi épaisse de 2-3 µ, et de deux sortes : dressés ou inclinés, longs de 35-110 µ ; arqués-appliqués, longs de 35-95 µ.

Epiderme supérieur épais d'environ 13-15 µ ; cellules palissadiques supérieures hautes de 47-55 µ.

II. — DESCRIPTION RÉSUMÉE DES SECTIONS

Glabræ

Feuille épaisse de 190-195 µ.

Mésophylle centrique.

Faisceau ligneux large de 132 µ, épais de 68 µ (R = 1,94).

Heterotrichæ

Feuille épaisse de 200-305 µ.

Mésophylle centrique.

Faisceau ligneux large de 100-237 µ, épais de 38-63 µ (R = 2,63 à 3,76).

Poils de deux natures : les uns lisses, utriformes, dressés ou inclinés-couchés, longs de 35-60 µ, larges de 14-18 µ ; les autres finement verruqueux, dressés, inclinés ou arqués-appliqués, obtus ou obtusiuscules, longs de 35-180 µ, larges de 10-20 µ, à paroi épaisse de 2-3 µ.

20

III. — CONSPECTUS DES ESPÈCES

I. Feuille glabre, épaisse de 190-195 μ ; faisceau ligneux, large de 132 μ, épais de 68 μ (R $=$ 1,94) $= O.$ *elegans.*

II. Feuille à poils les uns lisses, utriformes, les autres finement verruqueux.

    A. Feuille épaisse de 305 μ. Faisceau ligneux large de 237 μ, épais de 63 μ (R $=$ 3,76). Poils verruqueux dressés ou inclinés longs de 75-180 μ ceux arqués-appliqués longs de 85-120 μ. Epiderme supérieur épais de 25 μ ; cellules palissadiques supérieures hautes de 70-75 $\mu = O.$ *rhomboidea.*

    B. Feuille épaisse de 200 μ. Faisceau ligneux large de 100 μ, épais de 38 μ (R $=$ 2,63). Poils verruqueux dressés ou inclinés longs de 35-110 μ ; ceux arqués-appliqués longs de 35-95 μ. Epiderme supérieur épais d'environ 13-15 μ ; cellules palissadiques supérieures hautes de 47-55 $\mu = O.$ *pulchella.*

IV. — GROUPEMENT EN SECTIONS

1re Section (Glabræ) : O. elegans.
2e Section (Heterotrichæ) : O. rhomboidea, pulchella.

V — CLASSIFICATION

Spec. 1 : Onothera elegans.
    2. : Onothera rhomboidea.
        β. pulchella.

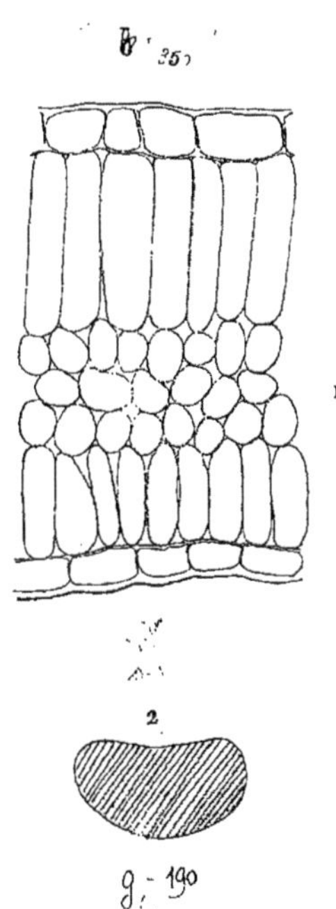

DESSINS ANATOMIQUES D'O. ELEGANS

1, Coupe transversale de la feuille (grossissement : g = 35o). — 2, Coupe transversale
du faisceau ligneux (g = 190).

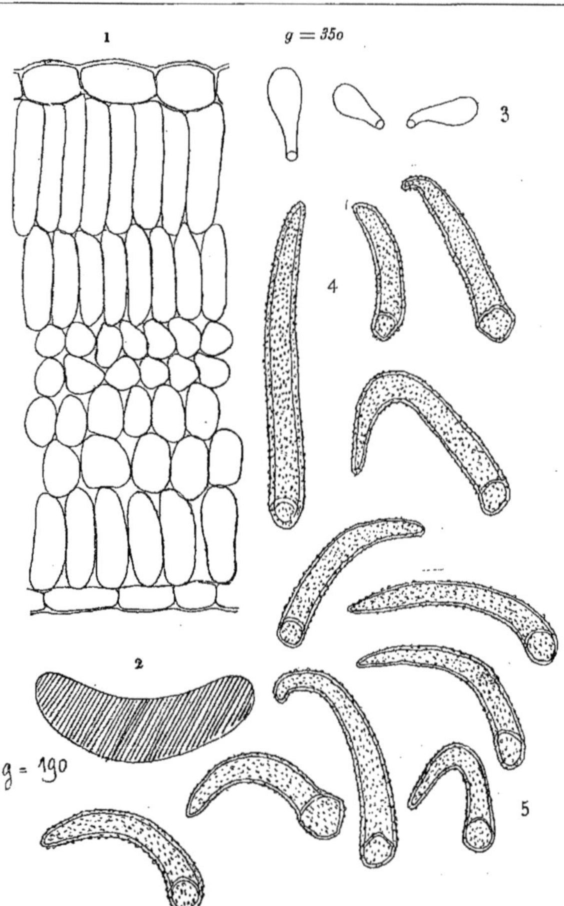

DESSINS ANATOMIQUES D'O. RHOMBOIDEA

1, Coupe transversale de la feuille (grossissement : g = 350). — 2, Coupe transversale du faisceau ligneux (g = 190). — 3, Poils lisses (g = 350). — 4, Poils finement verruqueux, dressés ou inclinés (g = 350). — 5, Poils finement verruqueux, arqués-appliqués (g = 350).

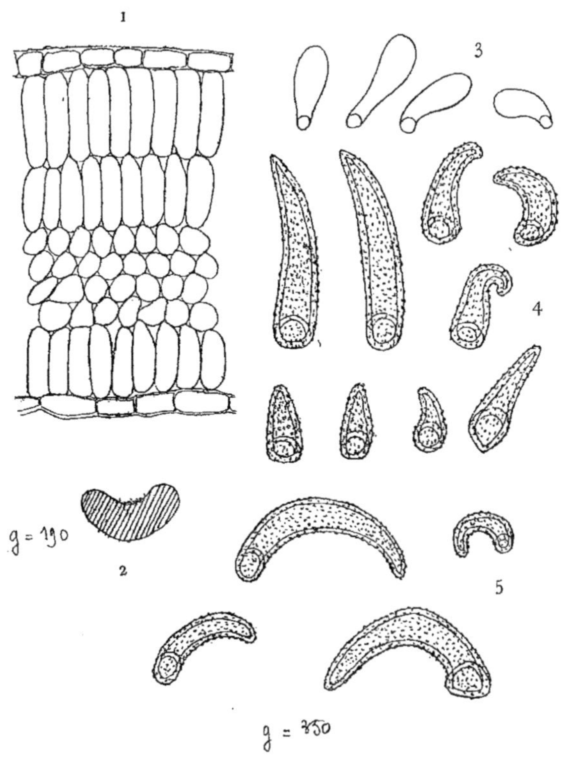

DESSINS ANATOMIQUES D'O. PULCHELLA

1, Coupe transversale de la feuille (grossissement : g = 350). — 2, Coupe transversale du faisceau ligneux (g = 190). — 3, Poils lisses (g = 350). — 4, Poils finement verruqueux, dressés ou inclinés (g = 350). — 5, Poils finement verruqueux, arqués-appliqués (g = 350).

CLEF

ESPÈCES DU GROUPE BOISDUVALIA

<table>
<tr><td>1.</td><td>{</td><td>Fleurs cachées dans les feuilles........</td><td>3.</td></tr>
<tr><td></td><td></td><td>Fleurs nettement visibles...............</td><td>2.</td></tr>
<tr><td>2.</td><td>{</td><td>Stigmate quadrilobé; capsule non sillonnée.........................</td><td>O. VOLKMANNI.</td></tr>
<tr><td></td><td></td><td>Stigmate discoïde ; capsule sillonnée.....</td><td>O. SUBULATA.</td></tr>
<tr><td>3.</td><td>{</td><td>Capsule cylindrique. ....</td><td>4.</td></tr>
<tr><td></td><td></td><td>Capsule tétragone souvent ailée.........</td><td>6.</td></tr>
<tr><td>4.</td><td>{</td><td>Feuilles ovales-lancéolées, dentées......</td><td>5.</td></tr>
<tr><td></td><td></td><td>Feuilles lancéolées-linéaires subentières.</td><td>O. TORREYI.</td></tr>
<tr><td>5.</td><td>{</td><td>Poils de deux sortes..................</td><td>O. GLABELLA.</td></tr>
<tr><td></td><td></td><td>Poils de même nature.................</td><td>race COMMIXTA.</td></tr>
<tr><td>6.</td><td>{</td><td>Plante élevée ....</td><td>O. DENSIFLORA.</td></tr>
<tr><td></td><td></td><td>Plante humble ou naine........ ......</td><td>7.</td></tr>
<tr><td>7.</td><td>{</td><td>Feuilles courtes, imbriquées, coriaces....</td><td>O. PYGMÆA.</td></tr>
<tr><td></td><td></td><td>Feuilles allongées, non imbriquées......</td><td>O. CLEISTOGAMA.</td></tr>
</table>

45. — **ONOTHERA SUBULATA** Ruiz et Pavon

Synonymie : *OEnothera concinna* Philippi. — *OE. cæspitosa* Gillis. —
OE. humifusa Lindl. — *O. reticulata*. — *O. Tocornalii* Lévl. —*Cratericarpium argyropyllum* Spach. — *Boisduvalia concinna* Philippi.
— *B. concinna* Spach. — *B. Tocornalii* Philippi.

DIAGNOSE

Racine allongée, pivotante, souvent rameuse.

Tige rameuse dès la base ; ramcaux blanchâtres et luisants mais
velus.

Feuilles lancéolées subulées, subentières, uninervées, finissant en
pointe, calleuses, éparses, fasciculées, sessiles, pubescentes ou argentées-tomenteuses.

Fleurs irrégulières à cause du calice à tube courbé, allongées, médiocres, bignoniæformes ; calice à tube allongé, à divisions acuminées égalant presque les pétales ; pétales arrondis, tronqués ou émarginés striés ; étamines et style inclus ; stigmate discoïde, denticulé.

Capsule fusiforme, courte, évasée au sommet, nettement
sillonnée et anguleuse, pédicellée, pubescente, cachée dans
les feuilles, à stries ordinairement de couleur fauve.

Graine brune trigone-pyramidale, papilleuse arrondie à la
base, atténuée obtuse au sommet.

Capsule

Fleurit de janvier à mars.

DISTRIBUTION GÉOGRAPHIQUE

Chili : Concepcion et Valparaiso (*H. Cuming*). — Chili (*Gay*). —
Chili : entre Curieo et Talca (*R. A. Philippi*). — Chili central (*R. A.*

Philippi). — Chili : prov. Coquimbo, Bridges, févr. 1866 (*Maille*).
— Chili : prov. Conquines, in ruderatis (*Cl. Gay*).

RACE : concinna Don.

Plante moins rameuse ; feuilles moins densément disposées surtout au sommet des rameaux ; tige plus velue.
Chili : Bulnes, janvier 1878 (*R. A. Philippi*).

46. — **ONOTHERA VOLKMANNI** Lévl. et Guffr.

Synonymie : *Boisduvalia Volkmanni* Philippi.

DIAGNOSE

. Racine fibreuse.

Tige redressée, à rameaux flexibles et recourbés, glabrescente à la base.

Feuilles linéaires, entières ou subentières ; mucronées, hérissées, sessiles ou subsessiles.

Fleurs grandes en épis terminaux , calice glabrescent, à tube courbé, à divisions acuminées ; pétales striés, larges, arrondis au sommet beaucoup plus longs que les sépales ; étamines plus courtes que la corolle ; style allongé, égal à la corolle ; stigmate quadrilobé.

Capsule petite, cachée dans les feuilles, évasée au sommet, non sillonnée.

DISTRIBUTION GÉOGRAPHIQUE

Chili méridional : Araucanie (*Philippi*). — Chili : Concepcion, janvier 1883 (*R. A. Philippi*).

47. — **ONOTHERA DENSIFLORA** (Wats.) Lévl.

Synonymie : *Œnothera salicina* Nutt. ex Torr. et Gr. — *Boisdu-valia densiflora* Wats. — *B. Douglasii* Spach. — *B. macrantha* Heller. — *B. parviflora* Heller. — *B. imbricata* Greene. — *Gayo-phrtum strictum* Asa Gray.

DIAGNOSE

Racine fibreuse.

Tige dressée, glabre ou velue, souvent assez élevée.

Feuilles lancéolées, à dents espacées, rapprochées, ordinairement plus longues que les entre-nœuds ; glabres ou velues, sessiles.

Fleurs axillaires au sommet de la tige, dépassant peu les feuilles, petites, rougeâtres ou violacées ; calice hirsute ; corolle à lobes obtus ; étamines incluses à filets grêles et à anthères arrondies; stigmate indivis denté, plus court que les étamines.

Capsule fusiforme, hirsute ou pubescente, brune ou fauve, légèrement bosselée, à demi-cachée par les feuilles.

Graine anguleuse irrégulière, chagrinée-mouchetée, de couleur chocolat, parfois à nervures ou à côtes.

Fleurit de mai à août, dans les lieux humides.

DISTRIBUTION GÉOGRAPHIQUE

Oregon, 1871 ; n° 2363 (187), var. *imbricata* Nutt. in herb., variété dressée à feuilles étroites (*Elihu Hall*). — Washington : Pullman, 24 juill. 1897 (*C. V. Piper*). — Washington : Whitman Co., in hard dried vales, Pullman, 21 juill. 1896 (*A. D. E. Elmer*). — California : Butte Co., near Clear Creek, 175 feet, 9 oct. 1896; n° 11 sub var. *imbricata* Greene. — Amador 1176 ; Calaveras Co., Grow Point, 1800 feet, juill. 1895 (*Geo Hansen*). — Amador Ham, 5000 feet, mai 1895, n° 1089 (*Geo Hansen*). — Amador Co., Volcano, 3000 feet, août 1892, n° 278 (*Geo Hansen*). — California : Plumas Co., big meadows, août 1896 (*Mrs. C. C. Bruce*). — Oregon : Portland, 8 août 1898 (*T. E. Savage, J. E. Cameron, F. E. Lenocker*). — Oregon, 1871 ; n° 187, sub var. *stricta* = var. *imbricata* Nutt. ex Trelease (*Elihu Hall*). — Oregon, 1871 ; n° 188 sub var. *glabrior*, *O. salicina* Nutt. ex Torr. et Gr. (*Elihu Hall*). — Georgia ex herb. Wood. — Oregon, 1871 ; n° 185 (2361) (*Elihu Hall*) et n° 186 sub var. *villosa*. — California : Siskiyou Co., near Yreka, 18 juill. 1876 ; n° 947 (*Edw. L. Greene*). — California, 1875 (*J. G. Lemmon*). — Washington : Klickitat Co., damp stony places, sept. 1893 ; août 1894 ; n° 2254 sub var. *pallescens* Suksdorf. — Washington : Falcon Valley, on low damp ground, 4 août 1893 ; n° 2215 (*W. N. Suksdorf*). — Oregon, 1871, a more villous form, n° 2362 (186) (*Elihu Hall*). — California : in pratis Yosemite, 17 août 1872 ; n° 2366 (113) (*John Redfield*). — California : prope L. Iahne in pratis, 31 août 1872 ; n° (113) 2365 (*John H. Redfield*). — California : San Diego Co., Cuiamaca Mts., juill. 1875 ; n° 105 (*Edw. Palmer*). — California : Siskiyou Co., south side Mont Shasta, 5000-10000 feet, 15-31 juillet 1897 (*H. E. Brown*). — S. E. California, 4000-5000 feet, avril-sept. 1897 ; n° 5294 (*C. A. Purpus*). — North America Pacific Coast, Calistaga, 1881 (*C. C. Parry*). — Amador Co., Alpine Co., New York Falls, 2000 feet et Agric. Stat. 2000 feet, août 1893 ; n° 280 et juillet 1892 ; n° 277, sub var. *imbricata* Greene (*Geo Hansen*). — Lower and South. California, San Diego Co., Julian, 10 août 1886 (*C. R. Orcutt*). — Vancouver island, B. C. vicinity of Victoria, 22 juill. 1893 ; n° 252 (*John Macoun*). — California, Oakland, 7 juill. 1881 ; n° 2358 (*Marcus E. Jones*). — California : Nevada Co., Soda, Springs, 7000 feet, 30 juill. 1881 ; n° 2715 sub *B. glabella* (*Marcus E. Jones*). — Washington : Takima Co., N. Jakima, 27 mai 1892 : n° 2479 sub *B. stricta* (*Henderson*). — Seattle Ivash, 1892 (*Emma A. Shumway*). — California, sub *Godetia lepida* var. (*C. C. Parry*). — Iowa, 1887 (*C. C. Parry*). — California : Solano Co., 1887 (*M. L. Jepson*). — California : Mendocino Co., Mendocino, 500 feet, juin 1898 ; n° 905 (*H. E. Brown*). — Washington : Yakima Region, 1882 ; n° 14535 (*T. S. Brandegee*). — Oregon, 1871 ; n° (188) 2364, var. *salicina* mêlé à *O. dasycarpa* (*Elihu Hall*).

— Oregon : Salem (*B. Johnson*). — Washington : Jafferson, juin 1892 ; n° 298 *bis* (*Sudworth*). — California (*Hansen*).

Var. **imbricata** Greene. — Tige dressée ; feuilles étroites, appliquées et imbriquées.

Amador Co., New York Falls. n° 277 (*Geo Hansen*) ; California : Solano Co (*M. L. Jepson*). — Iowa, 1887 (*C. C. Parry*). — Oregon, 1871 ; n° 2364 (*Elihu Hall*). — California : Mendocino, n° 905 (*H. E. Brown*).

48. — **ONOTHERA PYGMÆA** Speg.

DIAGNOSE

Racine allongée, fibreuse.

Tige glabre, tortueuse, rameuse dès la base ne dépassant guère 10 centimètres.

Feuilles glaucescentes, coriaces à dents rares ou presque nulles, uninervées, imbriquées, sessiles, subobtuses, glabres ou glabrescentes.

Fleurs petites, cachées dans les feuilles; pétales entiers ou émarginés ; stigmate indivis.

Capsule courte, lancéolée, à 4 faces, amincie au sommet.

DISTRIBUTION GÉOGRAPHIQUE

Argentine : Chubut, région del Rio Corcovado, 71° Greenvich, 43° lat. s. entre Balson et la Colonia, 16 octobre, 1-5 février 1901 *(Dr Nicolas Illin)*.

49. — **ONOTHERA CLEISTOGAMA** Lévl.

Synonymie : *Boisduvalia cleistogama* Curran.

DIAGNOSE

Tige et rameaux jaunâtres, velus ou glabrescents.

Feuilles linéaires, allongées, acuminées, glabrescentes ou peu velues, sessiles, à dents rares et très écartées, parfois serrulées.

Fleurs axillaires, cachées dans les feuilles florales, les premières fécondées dans le bouton qui ne s'épanouit pas ; pétales roses, longs de 2-4 millimètres.

Capsule tétragone ailée, à faces concaves, présentant chacune une strie.

Capsule

Graine jaune, fusiforme, atténuée aux deux extrémités.

DISTRIBUTION GÉOGRAPHIQUE

California : Antioch, mai 1886 ; n° 125, (*Brandegee*) ; Elmira, mai et août 1883 (*Mme Curran*).

50. — **ONOTHERA TORREYI** Wats.

Synonymie : *Œnothera tenella* Gray. — *Boisduvalia Torreyi* Wats.
— *B. stricta* Trelease, Greene. — *B. sparsiflora* in Muhlenbergia.
— *Gayophytum strictum* Gray.

DIAGNOSE

Souche fibreuse.

Tige simple ou rameuse, herbacée, fistuleuse, à épiderme exfolié.

Feuilles ovales-acuminées, brusquement rétrécies à la base ou lancéolées-linéaires ou même linéaires, pubescentes, sessiles ou courtement pétiolées.

Fleurs roses ou rouges, très petites, axillaires, ne dépassant pas les feuilles.

Capsule très courte, à 4 raies jaunâtres, cylindrique, effilée en bec au sommet, légèrement renflée sessile.

Graine jaune, oblongue, plus ou moins chagrinée, munie d'une nervure latérale et présentant une face dorsale courbée renflée arrondie, parfois papilleuse.

Mai-août.

DISTRIBUTION GÉOGRAPHIQUE

Washington : Spokane, 1892 ; n° 2468 (*Henderson*). — Washington : Whitman Co., in moist bottom land Wawawai, mai 1897 ; n° 757 (*A. D. E. Elmer*). — North American Pacific Coast, n° 57 (*C. C. Parry*). — Oregon, 1871 ; n° 2370 (189) (*Elihu Hall*). Forme apauvrie, à petites fleurs et hirsute-canescente. — Washington : Yakima Region, 1882 ; n° 14536 (*T. S. Brandegee*). — California : Amador Co., Pioneer, 3000 feet, 13 juill. 1896 ; n° 1843 (*Geo Hansen*). — California : Rochville, 1er août 1880 (*F. S. Earle*). — California : Amador Co., Jackson, 13oo feet, août 1893 ; n° 287 (*Geo Hansen*). — Washington : Spokane dry soil, août 1892 (*J. H. Sandberg*). — North Idaho : Kootenai Co., Spokane bridge, n° 9o5 (*A. A. Heller*). — California : Humboldt Co., sub *Gayophytum* n. sp. Gray (*H. N. Bolander*). — Oregon, 1871 ; n° 189 sub *O. densiflora* var. *tenella* (*Elihu Hall*). — Idaho : Nez Perces Co., about Lake Waha, 2000-35oo feet, 10 juillet 1896 ; n° 3411, sub *Boisduvalia parviflora* Heller n. ps. *A. A. et Gertrude Heller*). — California : Siskiyou Co., near Yreka, 14 juin 1876 ; n° 853 (*Edw. L. Greene*). — California : Plumas Co., big meadows, juill. 1896 (*C. C. Bruce*). — Washington : Klickitat Co., springs and meadows, 8 août 1881 (*W. N. Suksdorf*). — Washington : Spokane, 16 août 1892 ; n° 9o5 (*Sandberg, Douglas, Heller*).

× **O. Torreyoides** Lévl. (*O. densiflora* × *Torreyi*). — Tige et port du *densiflora* ; feuilles et poils du *Torreyi*.

51. — **ONOTHERA GLABELLA** Nutt.

Synonymie: *Boisduvalia glabella* Walp. — *B. glabella* Nutt. — *B. parviflora* Auct. — *B. macrantha* Heller.

DIAGNOSE

Souche fibreuse.

Tige simple ou peu rameuse ne paraissant guère dépasser 2 décimètres, herbacée, blanchâtre, pubescente ou même finement muriquée ainsi que les feuilles.

Feuilles pressées et serrées, sessiles, petites, courtes, ovales ou ovales-oblongues, denticulées.

Fleurs très petites, rougeâtres, cachées par les feuilles, sessiles ou subsessiles ; étamines dépassant peu le calice ; anthères arrondies stigmate quadrilobé, style dépassant les étamines.

Capsule oblongue, petite, sessile, atténuée en bec assez long, légèrement toruleuse, arrondie, pubescente-velue.

Graine fusiforme, jaune ou terreuse-brune, atténuée en pointe au sommet, courtement pubescente papilleuse.

Mai-juillet. Plante des lieux humides.

DISTRIBUTION GÉOGRAPHIQUE

Washington : in dry creeks beds, 24 juillet 1899 ; n° 2656 (*C. V. Piper*). — California : Butte-Co., Iron Canyon, mai 1896 ; n° 143 (*R. M. Austin*). — California : Sierra Co., 1874 ; n° 2368 (*J. G. Lemmon*). — Oregon, 1871 ; n° (190) 2369 (*Elihu Hall*). — Oregon : Grant's pass, 13 juill. 1887 ; n° 1145 (*Thomas Howell*). — Oregon : Wasco Co., low damp grounds near Dalles City, 12 juin 1886 ; n° 862 (*W. N. Suksdorf*). — Washington : Whitman Co., Pullman, 17 juill. 1892 ; n° 2469 (*Henderson*). — Montana : Sand Coulee, on the dry plains, juill. 1887 (*F. W. Anderson*). —Canada : Assiniboia, Rane

Lake, 3 juillet 1894 ; n° 4938 (*John Macoun*). — North America Pacific Coast, 1880 (*C. C. Parry*). — California : Siskiyou Co., 24 juin 1876, n° 892 (*Edw. L. Greene*). — Oregon, 1871 ; n° 190 (*Elihu Hall*). Rapporté par Watson (Proc. Acad. VIII. 600) à *O. Torreyi.* — Montana : Deer Lodge, 21 avril 1893 (*F. N. Notestein*). — California : Santa Monica, moist depression in above plains, juin 1892 (*H. E. Hasse*). — Washington : Pullman, 24 juin 1897 ; n° 2655 et 2657 (*C. V. Piper*). — California : Shenta Co., Ledding, 3o mai 1906 (*A. A. Heller*).

Race : **commixta** Guffroy.

Notre collaborateur a fait ici une coupe spécifique en distinguant sous le nom d'*O. commixta* Guffroy sp. nov. une forme se différenciant de l'*O. glabella* par ses poils de même nature, tous finement verruqueux.

L'*O. glabella* présente des poils les uns lisses, claviformes, les autres finement verruqueux.

L'échantillon sur lequel ont été prélevés les matériaux qui lui ont servi pour l'étude n'est plus entre nos mains. Nous n'y avions rien remarqué qui nous parut spécifique. Nous enregistrons donc, comme race à rechercher, cette forme de l'*O. glabella.*

1. Onothera Gayophytum f. pumila.
2. O. glabella.
3. O. Torreyi.
4. O. densiflora.
5. O. cleistogama.

GROUPE DES BOISDUVALIA

I. — DESCRIPTION DES TYPES

Onothera pygmæa

EUILLE épaisse de 245 μ.

MÉSOPHYLLE centrique.

FAISCEAU LIGNEUX large de 94 μ, épais de 47 μ (R = 2).

POILS nuls.

Onothera subulata

FEUILLE épaisse de 175-180 μ.

MÉSOPHYLLE centrique, ayant à la partie supérieure et à la partie inférieure deux couches palissadiques sensiblement égales dans chaque
cas.

FAISCEAU LIGNEUX large de 253 μ, épais de 66 μ (R = 3,83).

POILS tous dressés et finement verruqueux, aigus, longs de 125-445 μ,
larges de 18-22 μ, à paroi épaisse de 5-7 μ.

Onothera concinna

FEUILLE épaisse de 160 μ.

MÉSOPHYLLE centrique, n'ayant qu'une couche palissadique à la partie inférieure, et dont les deux couches palissadiques supérieures sont très inégales en hauteur.

FAISCEAU LIGNEUX large de 105 μ, épais de 37 μ (R = 2,89).

POILS tous dressés et finement verruqueux, aigus, longs de 132-660 μ, larges de 14-25 μ, à paroi épaisse de 4-7 μ.

Onothera densiflora

FEUILLE épaisse de 205 μ.

MÉSOPHYLLE centrique, ayant à la partie supérieure et à la partie inférieure deux couches palissadiques sensiblement égales dans chaque cas.

FAISCEAU LIGNEUX large de 158 μ, épais de 50 μ (R = 3,14).

POILS d'une seule nature, tous finement verruqueux, aigus, à paroi épaisse de 2-3 μ, mais de deux sortes : les uns dressés, à extrémité parfois courbée, longs de 135-460 μ, larges de 11-18 μ ; les autres arqués ou arqués-appliqués, longs de 85-225 μ, larges de 8-16 μ.

Onothera commixta

FEUILLE épaisse de 155 μ.

MÉSOPHYLLE centrique, n'ayant qu'une couche palissadique à la partie inférieure et dont les deux couches palissadiques supérieures sont sensiblement inégales en hauteur.

FAISCEAU LIGNEUX large de 116 μ, épais de 50 μ (R = 2,32).

POILS d'une seule nature, tous finement verruqueux, aigus, à paroi épaisse de 2-3 μ, mais de deux sortes : les uns dressés, à extrémité parfois courbée, longs de 180-380 μ, larges de 15-20 μ ; les autres arqués ou arqués-appliqués, longs de 85-270 μ, larges de 12-22 μ.

Onothera Volkmanni

Feuille épaisse de 175-230 μ.

Mésophylle tantôt centrique, tantôt transformé entièrement en tissu palissadique.

Faisceau ligneux large de 134 μ, épais de 42 μ (R = 3,19).

Poils d'une seule nature, tous finement ou très finement verruqueux, aigus, mais de deux sortes : les uns dressés ou inclinés, longs de 105-900 μ, larges de 10-22 μ, à paroi épaisse de 2-6 μ ; les autres arqués ou arqués-appliqués, longs de 160-220 μ, larges de 12-20 μ, à paroi épaisse de 2-4 μ.

Onothera cleistogama

Feuille épaisse de 170-175 μ.

Mésophylle subcentrique.

Faisceau ligneux large de 161 μ, épais de 55 μ (R = 2,93).

Poils de deux natures : les uns lisses, claviformes, à extrémité submucronée, dressés ou inclinés, longs de 105-225 μ, larges de 12-16 μ ; les autres très finement verruqueux, ± aigus, tous dressés ou inclinés, parfois courbés à l'extrémité, longs de 120-215 μ, larges de 7-14 μ, à paroi épaisse de 1,5-2 μ.

Les poils lisses sont beaucoup plus nombreux que les verruqueux, ces derniers pour ainsi dire localisés au bord de la nervure médiane.

Onothera Torreyi

Feuille épaisse de 165 μ.

Mésophylle subbifacial.

Faisceau ligneux large de 126 μ, épais de 48 μ (R = 2,62).

Poils de deux natures : les uns lisses, claviformes, obtus, dressés, longs de 145-200 μ, larges de 10-15 μ ; les autres très finement verruqueux, aigus, tous dressés ou inclinés, parfois infléchis à l'extrémité, longs de 310-705 μ, larges de 12-25 μ, à paroi épaisse de 1,5-4 μ.

Onothera glabella

Feuille épaisse de 145 µ.

Mésophylle centrique.

Faisceau ligneux large de 105 µ, épais de 37 µ (R = 2,84).

Poils de deux natures : les uns lisses, claviformes, obtus, dressés, longs de 43-115 µ, larges de 12-15 µ ; les autres finement verruqueux, aigus, larges de 12-22 µ, à paroi épaisse de 2-4 µ, et de deux sortes : dressés ou inclinés, parfois infléchis à l'extrémité, longs de 60-420 µ ; arqués-appliqués, quelquefois en hameçon à l'extrémité, longs de 150-185 µ.

✕ Onothera densiflora ✕ Torreyi

Feuille épaisse de 235 µ.

Mésophylle centrique.

Faisceau ligneux large de 140 µ, épais de 69 µ (R = 2,03).

Poils de deux natures : les uns lisses, claviformes, dressés, longs de 126-176 µ, larges de 9-15 µ ; les autres finement verruqueux, aigus, tous dressés ou inclinés, parfois infléchis ou courbés en hameçon à l'extrémité, longs de 35-965 µ, larges de 9-20 µ, à paroi épaisse de 1,5-4 µ.

Chose remarquable, nous avons trouvé sur une feuille de cet hybride 2 poils bi-cellulaires, la cloison se trouvant rapprochée de la base (à 45-52 µ de cette dernière, à 532-366 µ de l'extrémité). Dans les Onothéracées on avait signalé jusqu'à ce jour :

Poils toujours unicellulaires : Onothera, la plupart des Fuchsia.

Poils bi-cellulaires : certains Fuchsia.

Poils uni-sériés : Ludwigia.

Il y a donc tous les passages dans la feuille entre le poil unisérié et le poil unicellulaire, et on peut admettre que les poils unicellulaires le sont « par réduction », suivant l'expression de Vesque.

*Comparaison entre les caractères anatomiques de l'hybride
et ceux des parents :*

a) MÉSOPHYLLE

O. Torreyi : subbifacial.

O. densiflora : centrique, ayant à la partie supérieure et à la
partie inférieure 2 couches palissadiques sensiblement égales dans chaque cas.

Hybride : centrique, n'ayant à la partie inférieure qu'une
couche palissadique bien nette ; supérieurement les
2 couches palissadiques sont sensiblement inégales.

b) FAISCEAU LIGNEUX

O. Torreyi : large de 126 μ.

O. densiflora : large de 158 μ.

Hybride : large de 140 μ.

c) POILS LISSES

O. Torreyi : longs de 145-200 μ.

O. densiflora : nuls.

Hybride : longs de 126-176 μ.

d) POILS VERRUQUEUX

O. Torreyi : tous dressés ou inclinés, longs de 310-705 μ.

O. densiflora : les uns dressés, les autres arqués, longs de
85-225 μ.

Hybride : tous dressés ou inclinés, longs de 35-965 μ.

Par son mésophylle centrique l'hybride se rapproche d'O. densiflora,
mais par la présence de poils lisses, par ses poils verruqueux tous

dressés ou inclinés, et par la grande longueur de ces derniers, il tient beaucoup plus d'O. Torreyi. L'hybride que nous avons étudié est donc anatomiquement pour nous.

$\times$ O. densiflora $\times$ < Torreyi.

II. — DESCRIPTION RÉSUMÉE DES SECTIONS

Glabræ

FEUILLE épaisse de 245 µ.

MÉSOPHYLLE centrique.

FAISCEAU LIGNEUX large de 94 µ, épais de 47 µ (R = 2).

Rhytidotrichæ

FEUILLE épaisse de 155-230 µ.

MÉSOPHYLLE centrique, parfois transformé entièrement en tissu palissadique.

FAISCEAU LIGNEUX large de 105-253 µ, épais de 37-66 µ (R = 2,32 à 3,83).

POILS tous finement verruqueux, tantôt tous dressés, tantôt les uns dressés ou inclinés, les autres arqués ou arqués-appliqués, longs de 85-900 µ, larges de 8-25 µ, à paroi épaisse de 2-7 µ.

Heterotrichæ

FEUILLE épaisse de 145-175 µ.

MÉSOPHYLLE centrique, subcentrique ou subbifacial.

FAISCEAU LIGNEUX large de 105-161 µ, épais de 37-55 µ (R = 2,62 à 2,93).

Poils de deux natures : les uns lisses, claviformes, dressés ou inclinés, longs de 43-225 μ, larges de 10-16 μ ; les autres finement ou très finement verruqueux, dressés, inclinés ou arqués-appliqués, longs de 60-705 μ, larges de 7-25 μ, à paroi épaisse de 1,5-4 μ.

III. — CONSPECTUS DES ESPÈCES

I. Feuille glabre, épaisse de 245 μ ; faisceau ligneux large de 94 μ, épais de 47 μ (R = 2) = *O. pygmæa*.

II. Seulement des poils verruqueux, aigus.

    A. Poils tous dressés, à paroi épaisse de 4-7 μ.

        α. Mésophylle ayant à la partie supérieure et à la partie inférieure 2 couches palissadiques sensiblement égales dans chaque cas. Faisceau ligneux large de 253 μ, épais de 66 μ (R = 3,83). Poils longs de 125-445 μ = *O. subulata*.

        β. Mésophylle n'ayant qu'une couche palissadique à la partie inférieure et dont les 2 couches palissadiques supérieures sont très inégales en hauteur. Faisceau ligneux large de 105 μ, épais de 37 μ (R = 2,89). Poils longs de 132-660 ; = *O. concinna*.

    B. Poils les uns dressés, à extrémité parfois courbée, les autres arqués ou arqués-appliqués.

        α. Mésophylle toujours centrique ; poils longs de 85-460 μ, à paroi épaisse de 2-3 μ.

          ⊙. Mésophylle ayant à la partie supérieure et à la partie inférieure 2 couches palissadiques sensiblement égales dans chaque cas. Faisceau ligneux large de 158 μ, épais de 50 μ (R = 3,14) = *O. densiflora*.

          ⊙. Mésophylle n'ayant qu'une couche palissadique à la partie inférieure, et dont les 2 couches palissadiques supérieures sont sensiblement inégales en hauteur.

Faisceau ligneux large de 116 μ, épais de 50 μ (R
= 2,32) = *O. commixta*.

β. Mésophylle tantôt centrique, tantôt transformé entièrement en tissu palissadique ; poils longs de 105-
900 μ, à paroi épaisse de 2-6 μ = *O. Volkmanni.*

III. Des poils lisses (claviformes) et des poils verruqueux.

A. Poils très finement verruqueux, tous dressés ou inclinés,
parfois courbés ou infléchis à l'extrémité. Mésophylle subcentrique ou subbifacial. Poils lisses
longs de 105-225 μ.

α. Poils lisses à extrémité submucronée. Poils verruqueux
longs de 120-215 μ, larges de 7-14 μ, pour ainsi
dire localisés au bord de la nervure médiane, les
poils lisses étant de beaucoup les plus nombreux.
Faisceau ligneux large de 161 μ, épais de 55 μ (R
= 2,93) = *O. cleistogama.*

β. Poils lisses obtus. Poils verruqueux longs de 310-705 μ,
larges de 12-25 μ. Faisceau ligneux large de 126 μ,
épais de 48 μ (R = 2,62) = *O. Torreyi.*

B. Poils finement verruqueux, les uns droits ou inclinés, parfois infléchis à l'extrémité, les autres arqués-appliqués, longs de 60-420 μ. Mésophylle centrique.
Poils lisses longs de 43-115 μ. Faisceau ligneux
large de 105 μ, épais de 37 μ (R = 2,84) = *O. glabella.*

IV. — GROUPEMENT EN SECTIONS

1re SECTION (Glabræ) : O. pygmæa.
2e SECTION (Rhytidotrichæ) :
    1re SOUS-SECTION : O. subulata, concinna.
    2e SOUS-SECTION : O. densiflora, commixta, Volkmanni

3ᵉ Section (Heterotrichæ) :
    1ʳᵉ Sous-section : O. cleistogama, Torreyi.
    2° Sous-section : O. glabella.

V. — CLASSIFICATION

Spec. 1. *Onothera pygmæa.*
      2.   —   *subulata.*
        β. concinna.
      3.   —   *densiflora.*
        β. commixta.
      4.   —   *Volkmanni.*
      5.   —   *cleistogama.*
      6.   —   *Torreyi.*
      7.   —   *glabella.*

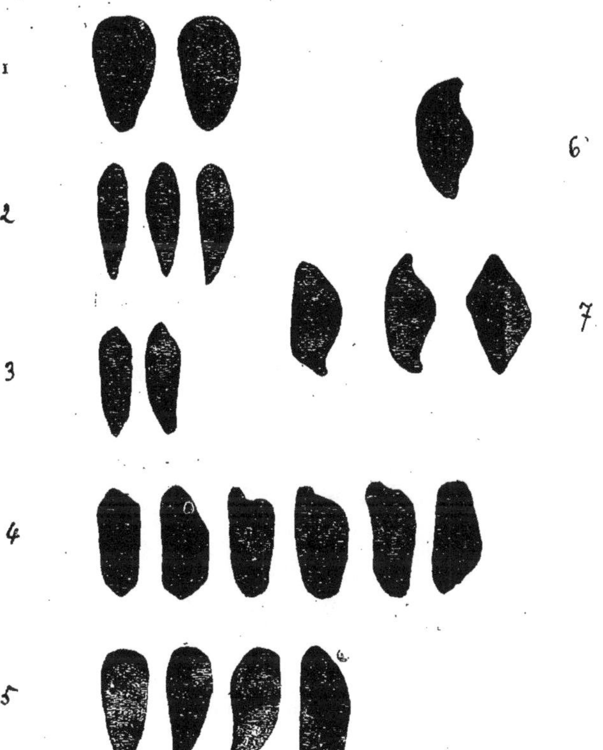

GRAINE : 1 = subulata ; 2 = cleistogama ; 3 = glabella ; 4 = densiflora ; 5 = Torreyi ;
6 = Bottae ; 7 = rhomboidea.

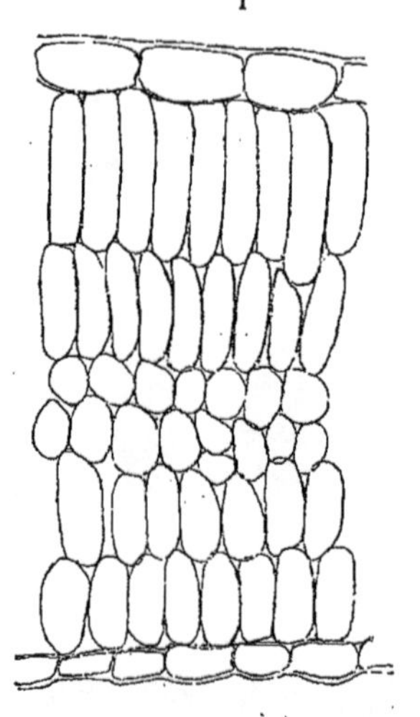

DESSINS ANATOMIQUES D'O. PYGMÆA

1, Coupe transversale de la feuille (grossissement : g = 350). — 2, Coupe transversale du faisceau ligneux (g = 190).

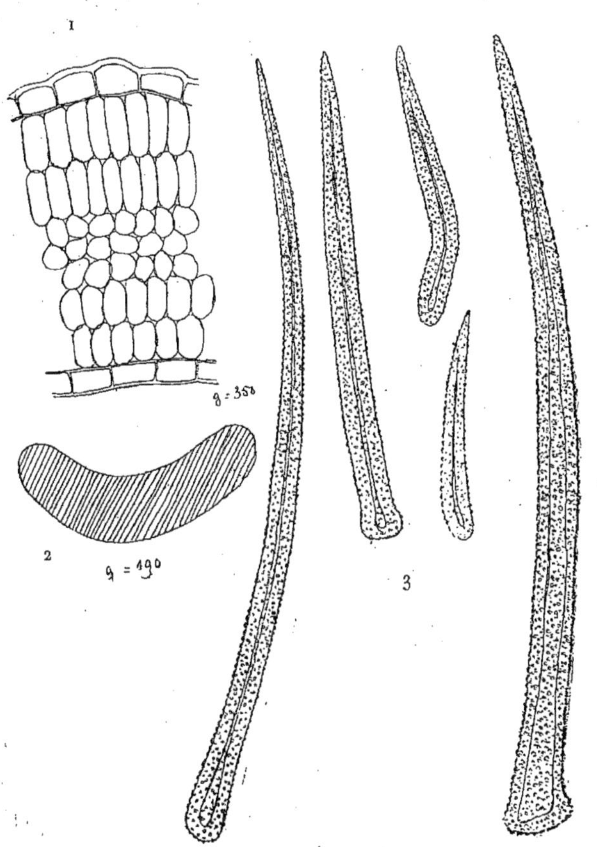

DESSINS ANATOMIQUES D'O. SUBULATA

1, Coupe transversale de la feuille (grossissement : g = 350). — 2, Coupe transversale du faisceau ligneux (g = 190). — 3, Poils finement verruqueux, dressés (g = 350).

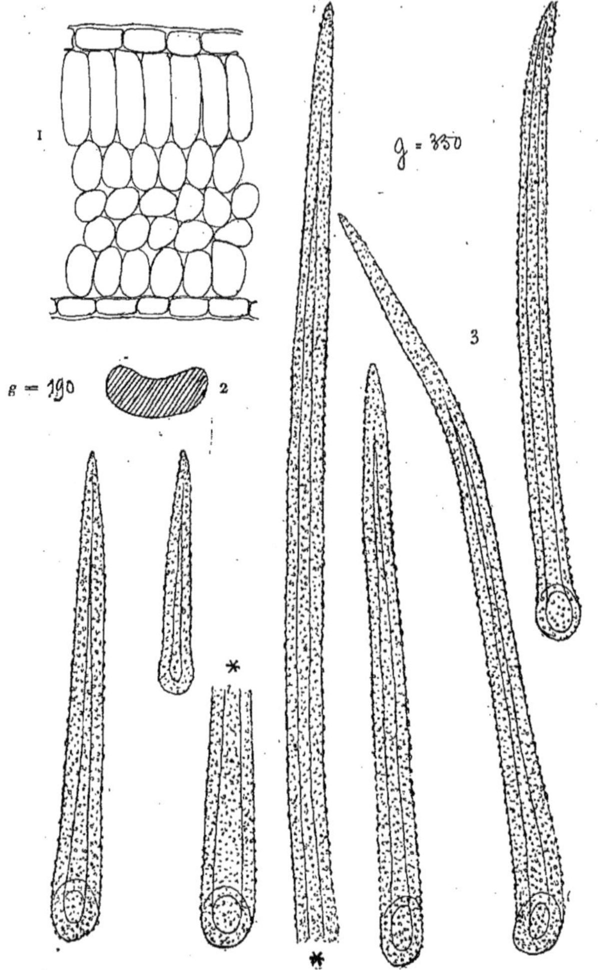

Đessins anatomiques d'O. concinna

1, Coupe transversale de la feuille (grossissement : g = 35o). — 2, Coupe transversale du faisceau ligneux (g = 19o). — 3, Poils finement verruqueux, dressés (g = 35o).

Nota : Le signe ★ indique le point de raccord des deux parties d'un même poil, scindé pour la commodité du dessin.

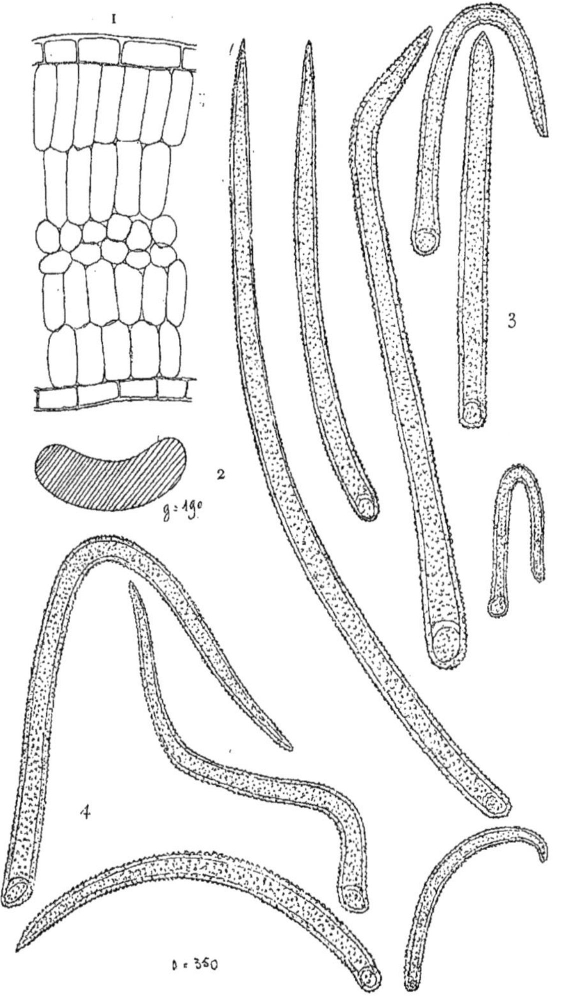

DESSINS ANATOMIQUES D'O. DENSIFLORA

1, Coupe transversale de la feuille (grossissement : g = 350). — 2, Coupe transversale du faisceau ligneux (g = 190). — 3, Poils finement verruqueux, dressés (g = 350). — 4, Poils finement verruqueux, arqués ou arqués-appliqués (g = 350).

DESSINS ANATOMIQUES D'O. COMMIXTA

1, Coupe transversale de la feuille (grossissement : g = 35o). — 2, Coupe transversale du faisceau ligneux (g = 19o). — 3, Poils finement verruqueux, dressés (g = 35o). — 4, Poils finement verruqueux, arqués ou arqués-appliqués (g = 35o).

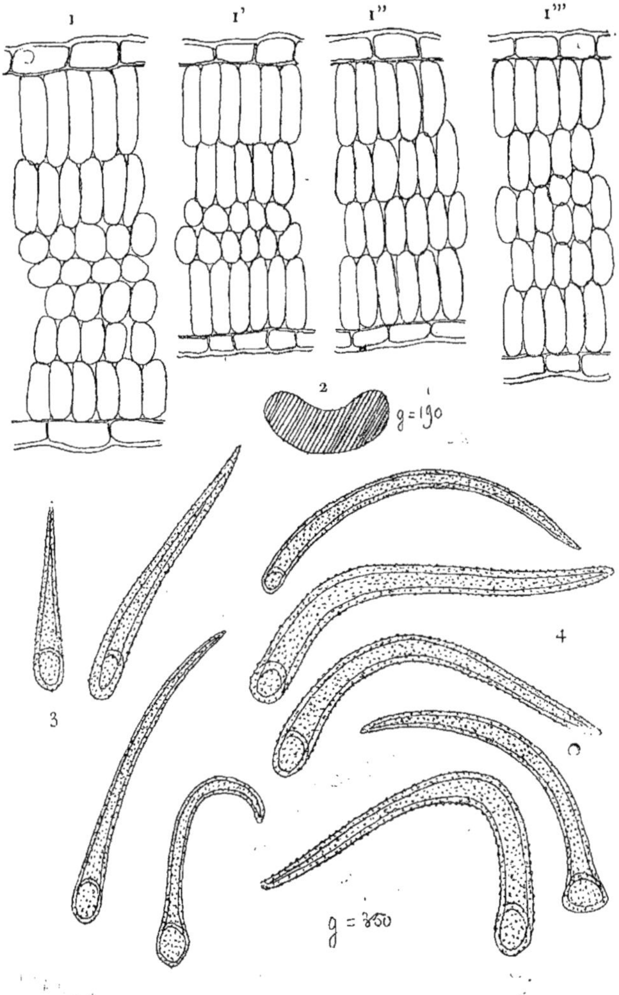

DESSINS ANATOMIQUES D'O. VOLKMANNI

1, 1', 1'', 1''', Coupe transversale de la feuille (grossissement : g = 350). — 2, Coupe transversale du faisceau ligneux (g = 190). — 3, Poils finement ou très finement verruqueux, dressés ou inclinés (g = 350). — 4, Poils finement ou très finement verruqueux, arqués ou arqués-appliqués (g = 350).

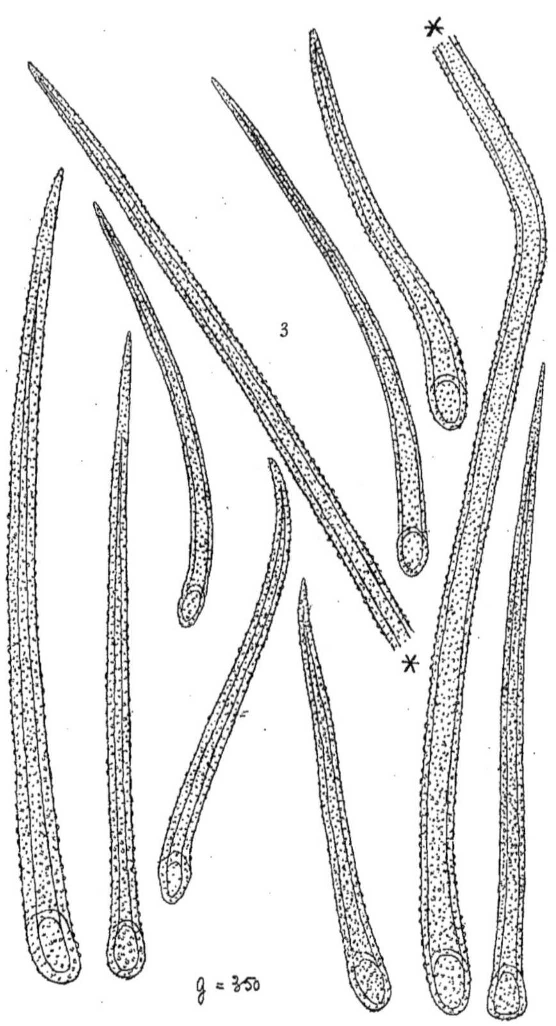

DESSINS ANATOMIQUES D'O. VOLKMANNI (suite)

Voir la légende à la page précédente.

NOTA : Le signe ★ indique le point de raccord des deux parties d'un même poil,
scindé pour la commodité du dessin.

DESSINS ANATOMIQUES D'O. CLEISTOGAMA

1, Coupe transversale de la feuille (grossissement : g = 350). — 2, Coupe transversale du faisceau ligneux (g = 190). — 3, Poils lisses (g = 350). — 3 *bis*, Extrémité des mêmes (très grossi). — 4, Poils très finement verruqueux, dressés ou inclinés (g = 350).

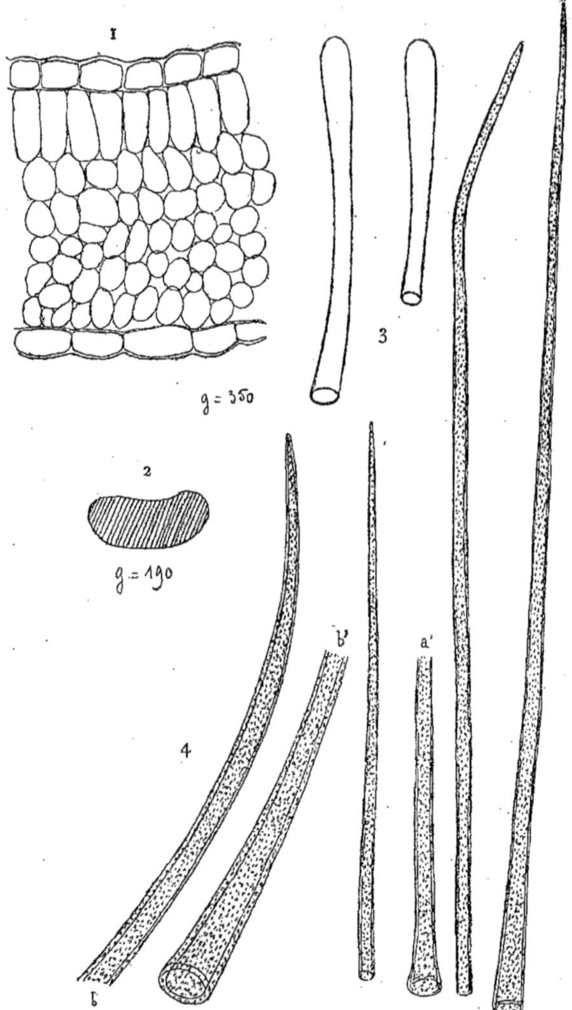

Dessins anatomiques d'O. Torreyi

Coupe transversale de la feuille (grossissement : g = 35o). — 2, Coupe transversale du faisceau ligneux (g = 19o). — 3, Poils lisses (g = 35o). — 4, Poils très finement verruqueux dressés ou inclinés (g = 35o).

Nota : Les lettres *a a'* et *b b'* indiquent les points de raccord des deux parties d'un même poil, scindé pour la commodité du dessin.

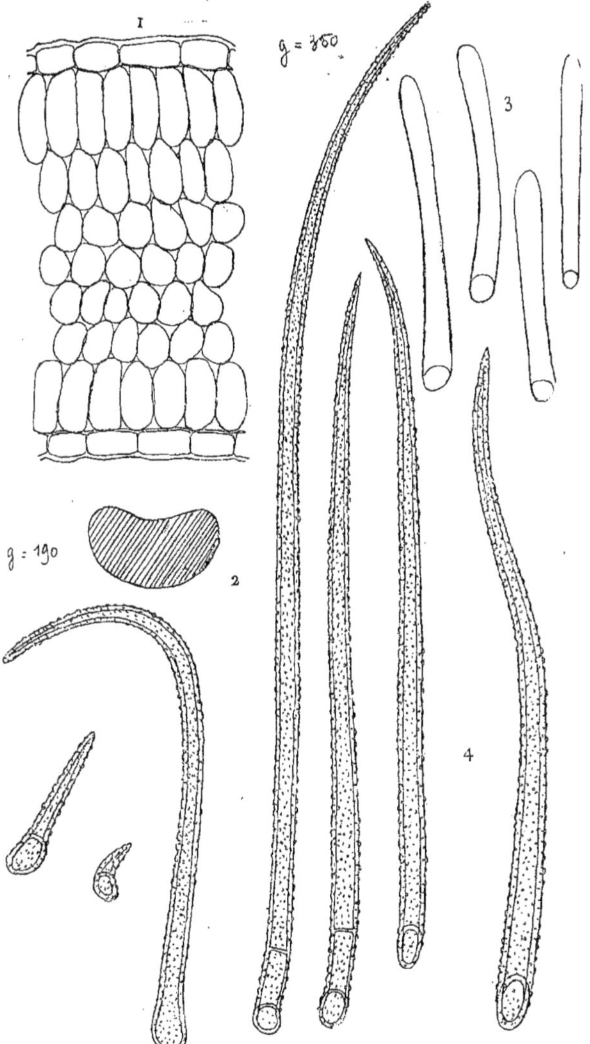

DESSINS ANATOMIQUES D'O. DENSIFLORA ✕ TORREYI

1, Coupe transversale de la feuille (grossissement : g = 350). — 2, Coupe transversale du faisceau ligneux (g = 190). — 3, Poils lisses (g = 350). — 4, Poils finement verruqueux, dressés ou inclinés (g = 350).

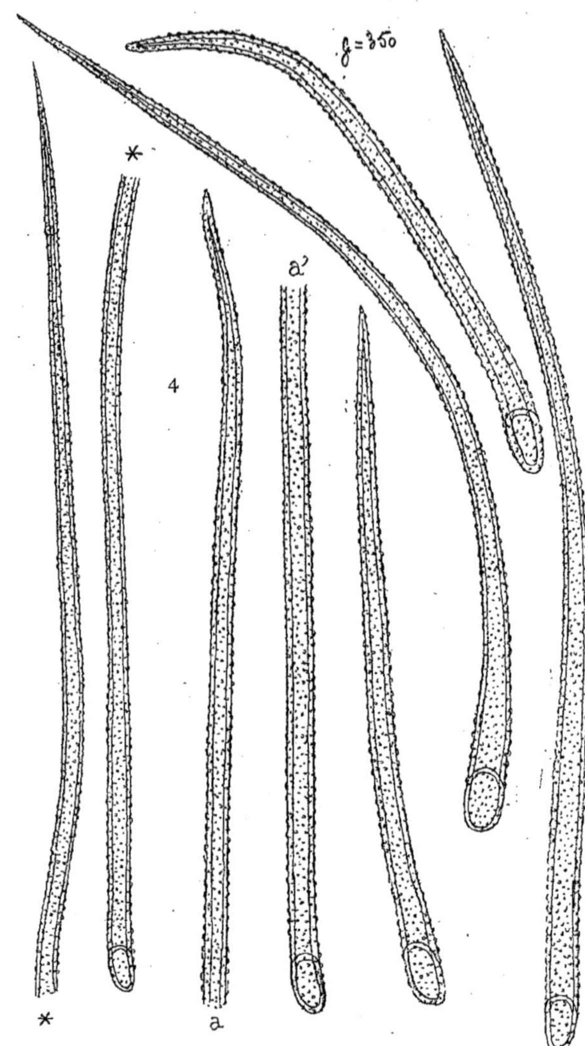

DESSINS ANATOMIQUES D'O. DENSIFLORA × TORREYI (suite)

Voir la légende à la page précédente.

NOTA : Le signe ★ et les lettres *a* et *a'* indiquent les points de raccord des deux parties d'un même poil, scindé pour la commodité du dessin.

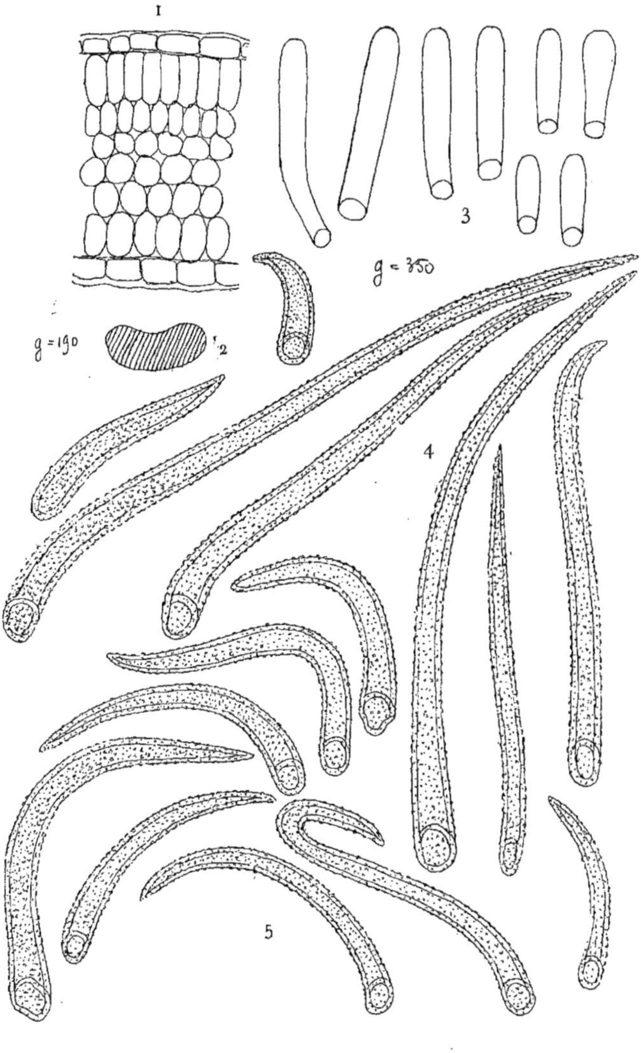

Dessins anatomiques d'O. glabella

1. Coupe transversale de la feuille (grossissement : g = 35o). — 2, Coupe transversale
du faisceau ligneux (g = 19o). — 3, Poils lisses (g = 35o). — 4, Poils finement verruqueux, dressés ou inclinés (g = 35o). — 5, Poils finement verruqueux, arqués-appliqués
g = 35o).

52. — **ONOTHERA EUCHARIDIUM** Lévl.

Synonymie : *Eucharidium Breweri* Gray. — *E. concinnum* Fisch. et
Mey. — *E. grandiflorum* Fisch. et Mey. — *Onothera Breweri* Lévl.
— *O. Fischeri* Lévl. — *O. Meyeri* Lévl.

DIAGNOSE

Racine fibreuse, pivotante.

Tige dressée, à épiderme exfolié, souvent rougeâtre.

Feuilles pétiolées, lancéolées.

Fleurs moyennes, pétales trilobés-lobés à lobe médian souvent plus
allongé et plus étroit ; étamines à anthères munies de cornes recour-
bées, dépassant les pétales ; stigmate capité dépassant les pétales ;
capsule sessile, plus ou moins tétragone.

Graine souvent de couleur chocolat, allongée en bec à une extrémité
et obtuse à l'autre, parfois creusée en forme de gant.

DISTRIBUTION GÉOGRAPHIQUE

California, 1846, nº 430 (*Frémont*). — California, 1842 (*Dʳ Guille-
min*), 1837 (*D. Kunth*), 1858 (*V. Spach*), 1875 et 1880 (*G. R. Vasey*).
— California : Spokan Co.

Cette espèce a le port de l'*O. chamœnerioides* et de l'*O. epilobioides*
et les capsules des *Godetia*. L'avenir permettra peut-être de séparer
l'*O. Breweri* comme race distincte.

53. — **ONOTHERA HARTWEGI** Benth.

SYNONYMIE : *O. Fendleri* Gray. — *O. tubicula* Gray. — *O. Greggii* Gr. — *O. lavandulæfolia* Wats., Torr. et Gr. — *Galpinsia filifolia* Eastwood. — *G. Hartwegi* Benth. — *Salpingia Hartwegii* A. Gray. Small.

DIAGNOSE

Souche ligneuse, épaisse.

Tige dressée ou redressée ascendante, parfois subsessile, glabre ou velue, ordinairement rameuse, même dès la base.

Feuilles lancéolées ou lancéolées-linéaires ou linéaires, souvent glaucescentes blanchâtres, glabres ou velues, sessiles, entières ou denticulées.

Fleurs jaunes, grandes ou assez grandes, à sépales acumjnés ou aristés ; corolle irrégulière bignoniiforme, base de la corolle infundibuliforme, à pétales érodés-échancrés.

Stigmate en disque plus ou moins quadrilobé, ne dépassant pas ordinairement les étamines, mais parfois nettement exsert.

Capsule obscurément tétragone, subcylindrique, glabre ou velue, sessile.

Graine brune ou brun-noirâtre, subglobuleuse ou subcylindrique, atténuée plus ou moins aux extrémités, parfois hérissée ou couverte d'aspérités.

DISTRIBUTION GÉOGRAPHIQUE

On the Rio Grande, 1848.— Wyoming : Whalen Canon, 18 juill. 1894 ; n° 526 (*Aven Nelson*). — Mexique : Sierra Majada, Mts Co ahinta, 20 avril 1852 ; n° 233 (*M. E. J.*). — Mexique : plains near Chihuahua, 24 juill. 1886, n°871 (*C. G. Pringle*). — Kansas: Smoky hill fork, juin 1867, n° 77 (*C.C. Parry*). — S. W. Kansas : Hamilton Co, Syracuse, hillsider not uncommon, 12 juill. 1893, n° 106 (*C. H. Thompson*). — Kansas : Dodge City, 5 avril 1891 (*L. D. Ellis*). — S. W. Kansas, juin 1891 (*Garney*). — Kansas : Rockpert (*E. Bartholomew*). — Nouveau Mexique et Mexique : between San Juan and La Vacquezia, 3o miles long of Saltillo, 20 mai 1847, n° 298 (*Dr A. Wislizenus*).

Var. **Fendleri** Gray. — Stigmate inclus plus court que les étamines ou les égalant, fruit plus allongé et plus étroit ; feuilles plus larges.

D. G. — New Mexico : Mangos Canon, 38 mai 1880, n° 12453 (*Edw. Lee Greene*). — Texas : Gillespie Co., Pedernales (*G. Jermy*). — New Mexico : Lincoln Co., White Mountains : 5400 feet, 21 juill. 1897, n° 181 (*E. O. Wooton*). — Kansas : Barber Co., Gypsum hills, 1896, n° 689 (*A. S. Hitchcock*. — S. W. Colorado, near Le Late, août 1875, n° 4355 (1220) (*T. S. Brandegee*). — Colorado : Canon City, 1872, n° 2327 (280) (*T. S. Brandegee*). — Colorado Springs, juill. 1874, n° 2326 (*T. S. Brandegee*). — New Mexico : along the banks of the Rio Grande River, nineteen miles west of the Santa Fe, 5430 feet, 31 mai 1897, n° 3622 (*A. A. and Gertrude Heller*). — Utah : canon above Tropic, in clay, 6500 feet, 28 mai 1894, n° 5303 (*Marcus E. Jones*). — New Mexico along stream, Mangos Springs, avril 1880, n° 133 (*Henry H. Rusby*). — New Mexico, 1847, n° (230) 237 (*A. Fendler*). — Cienega Grande, 18 mai 1847, n° 692 (*Dr Gregg*). Dry valley near Buenavista, 5 avr. 1847, n° 387. — New Mexico, avril 1848, mêlé à *O. tubicula* (*A. Gordon*). — New Mexico : stony hills on the Pecos, n° 1075 (*C. Wright*). — W. Texas, juin 1851 (C. *Wright*).

S.-var. LAVANDULÆFOLIA Wats. — Feuilles étroites linéaires, blanchâtres.

D. G. — Bare sandbluff on North Platte, 22 juill. 1852 (*Davis*). —

High land near Patos, 20 mai 1841 ; n° 723. — Lower Pole Creek
(Platte), juill. 1856 (*H. Engelmann*). — Nebraska, running water,
15 août 1855 (*Dr P. V. Hayden*). — Kansas : Gove Co., 20 juill. 1895 ;
n° 167 (*A. S. Hitchcock*). — New Mexico, lower springs of Cimaron,
31 août 1847, n° 230-246 (*A. Fendler*). — New Mexico and N.
Mexico : Gallejo springs between Carizal and Chihuahua, 21 août
1846, n° 139 (*Dr A. Wisliȥenus*). — Texas : Picos, juin 1851, n° 1074
(*C. Wright*).

S.-var. ꜰɪʟɪꜰᴏʟɪᴀ Lévl. — Feuilles filiformes.
D. G. — Texas : from San-Luis Potosi to San Antonio, août 1878,
n° 248 (*C. C. Parry*). — New Mexico : Dona Ana Co., plains south
of the white Sands, 4700 feet, 15 juill. 1897, n° 660 (*E. O. Wooton*).
f. *thymifolia* Lévl. — Feuilles de même dimension environ que
celles du *Thymus serpyllum* L., plante sous frutescente.
D. G. — Hill S. E. of Pelayo, 8 mai 1847, n° 591.

Var. **tubicula** Gray. — Plante glabre ou velue (*Greggii* Gray) ;
tiges nombreuses dès la base rougeâtre ; fleur en forme de petite trom-
pette (gorge de la corolle arquée-coudée) ; feuilles entières : fruit plus
court, subcylindrique. Graines souvent mucilagineuses.
D. G. — New Mexico : avril 1848, mêlé à *O. Fendleri* (*A. Gordon*).
— Arizona : Mesas around the Mustang Mts., 27 juin 1884 (*C. G.
Pringle*). — Kansas ; Morton Co,, stony hills, 7 août 1895, n° 166
(*A. S. Hitchcock*).

× **serrulatoides** (*tubicula* × *serrulata*). — Feuilles hypéri-
ciformes du *tubicula* et fleurs du *serrulata!* — New Mexico : Pecos,
juin 1851 ; n° 1077 (*C. Wright*).

54. — **ONOTHERA SERRULATA** Nutt.

Synonymie : *Meriolix spinulosa* Heller. — *M. serrulata* Rafin. — *M. Berlandieri* Walp. — *Calylophis Berlandieri* Spach ? — *C. Drummondiana* Spach. — *C. Drummondii* Spach. — *C. Nuttalii* Spach. — *Œnothera Berlandieri* Steud. — *Œ. capillifolia* Scheele. — *Œ. fruticosa* Gray. — *Œ. leucocarpa* Comméen. ex Lehm. in Hook. — *Œ. Spachiana* Steud. — *Œ. spinulosa* Nutt. ex Torr. et Gr.

DIAGNOSE

Racine fibreuse ou rampante.

Tige exfoliée, dressée ou redressée, glabre ou velue, simple ou rameuse.

Feuilles linéaires ou lancéolées-linéaires, parfois même capillaires, *régulièrement serrulées*, plus rarement subentières, parfois acuminées en pointe subsétacée, atténuées en pétiole, glabres ou velues.

Fleurs jaunes, assez grandes ou assez petites, tachées de noir pourpre à l'onglet, à pétales échancrés. Stigmate en disque parfois visiblement lobé.

Capsule subcylindrique ou obscurément tétragone, souvent sublinéaire, glabre ou pubescente, tronquée au sommet, à valves se recroquevillant après la déhiscence.

Graine ovale-oblongue, jaune clair ou fauve, ponctuée.

Var. **Douglasii** Lévl. — Plante rameuse buissonnante ; fleurs médiocres, feuilles subentières.

Var. **spinulosa**. — Feuilles à dents subspinescentes acuminées en pointe subsétacée

Var. **pinifolia** Engelm. — Feuilles presque capillaires.

Var. **maculata** Lévl. — Pétales tachés à l'onglet de pourpre noirâtre ; stigmate d'un pourpre noirâtre.

Var. **integrifolia** Lévl. — Feuilles très entières.
Variations : *canescens*. Plante très blanchâtre.
       subserrulata. Dents des feuilles très fines, peu visibles.
       microcarpa. Capsules petites.

DISTRIBUTION GÉOGRAPHIQUE

Type a petites fleurs.— 20 juin 1891 (*Garney*).— Iowa : Ames, dry clay banks (*A. S. Hitchcock*). — Canada : Manitoba Brandon, 7 juillet 1887 (*J. Fowler*). — Montana : Custer, 10 août 1890 ; n° 89 (*J. W. Blankinship*). — Colorado, juill. 1890 (*Garney*). — Iowa : Shelby Co., prairies, fréquent, 5 juin 1894 (*Fitzpatrick*). — Oklahoma City O. J., juill. 1892 (*B. Shimek*). — Manitoba : Carberry, 1898 (*E. S. Thompson*). — Texas : Gillespie Co., (*Jermy*). — Texas : n°⁵ 567, 1957, 2478 (*Berlandier*). — New Mexico : potatoes plat. 2 sept. 1890 (*Henry H. Rusby*). — Nebraska : Sheridan Co., sandhills, 9 juill. 1892 n° 215 (*J. G. Smith et Roscoe Pound*). — Nebraska : Hot Creek Basin, 1ᵉʳ août 1889 (*H. J. Webber*). — leg. *Fendler* mêlé à *Dipsodia*. — Minnesota : Minneapolis, dry gravelly hills, juill. 1891 (*F. H. Burglehaus*). — S. W. Kansas, 20 juin 1891 (*Garney*). — Missouri : rich bottom prairies, abondant (*Henry Engelmann*). — Rocky Mountains Flora, Lat. 39°-41° ; 1862, n° 179 (*E. Hall et J. P. Harbour*). — Fort Kearney, juin 1858 (*H. Engelmann*). — New Missouri, juin 1872 (*J. C. Broudhead*). — Kansas : Butter Co., on prairie, mars 1879 (*J. C. Broudhead*). — Indian Territory, 1876 (*Buller*). — Little Nemahah R. H. Fort Kearney, 13 juin-13 juillet 1849 ; n° 39 (*A. Fendler*). — Nebraska : bad soils on dry hills, 12 juill. 1853 (*Dʳ F. V. Hayden*). — Fork of Kansas above Fort Riley, juin-sept. 1856 (*H. Engelmann*). — Big sandy River, 8 juill. 1849, n° 40 (*A. Fendler*). — Kansas Lewitzer Creek, common in prairies, 27 mai 1846 ; n° 400 (*Dʳ A. Wislizenus*). — Texas : 1846, n° 394 (*F. Lindheimer*). — James river prairies near mouth of Saint Peter, prairie betwen Missouri and Mississipi rivers, 6 sept. 1839 (*Ch. A. Geyer*). — Loup fork, 2 juill. 1855 (*Dʳ F. V. Hayden*). — On the upper Platte River, 1845 (*R. A. Sculand*

— New Mexico, 1847; n° 229 (*A. Fendler*). — Minnesota : Saint Peter's river, juin 1849; n° 1861 (*Dr Syvres*). — Wisconsin : Lake Papin, 1861 (*T. J. Hale*). — Wisconsin : Sainte-Croix, 1861 (*T. J. Hale*). Missouri : Atchison Co., 5 août 1893, (*B. F. Bush*). — Corning, 13 juill. 1894, common, n° 320 (*B. F. Bush*). — Missouri : Sheffield, uncommon interior, 21 juin 1895 ; n° 120 (*R. Mackenzie*). — Kansas : Ulsworth, mai 1888 (*Damon*). — South Texas : Kerrville Co., about Kerrville, 1600-2000 feet, 12-19 juin 1894 ; n° 1600 (*A. Arthur Heller*). — Colorado : Colorado Springs, 2 juill. 1891 (*Wm. Trelease*). — S. W. Kansas : Grant Co., Ulysses, common on upland prairies, especially in buffalo Vallows, 24 juin 1893 (*H. Thompson*). — Oklahoma, stillwater, n° 200 (*Wough*). — Colorado : Colorado Springs, 19 juillet 1872; n° (463) 2328 (*John H. Redfield*). — North Dakota : Grant Forks, prairies, 800 feet, dry gravelly soil; 28 juin et 15 juill. 1895 ; n° 124 (*Brannon*). — Kansas : juin 1898 (*Marc White*). — Minnesota : Elmore, Iowa-Minnesota line, 21 juill. 1897 (*L. H. Pammel*). — Colorado : foothills, 5500 feet, 13 juin 1896 (*T. S. Crandall*). — Kansas : Riley Co., stony hills, 16 mai 1895; n° 168 (*J. B. Norton*). — Wyoming : Sundance, 2 juill. 1896, n° 2134 (*Aven Nelson.*) — Kansas : Dodge City, mai 1891 (*L. D. Ellis*). — Texas : (*J. F. Joor*). —Texas, avril (*Mme Milligan*). — Texas : San Antonio, plentiful stony hills ; n° 10 (*E. H. Wilkinson*). — Oklahoma : Woods Co., 10 juill. 1899; n° 276 (*Marc White*). — South Dakota : Brookings, 28 juill. 1891 (*Thos. A. Williams*). — Minnesota : upper Saint Peter, juin 1848 (*C. C. Parry*). — Kansas : Clarke Co., 28 avril 1896 (*Carl C. Curtis*). — Colorado grounds, Brookings, 21 juill. 1893 (*Thoordoer*).

TYPE A GRANDES FLEURS. — Texas, 1844 ; n° 238 (*F. Lindheimer*). —Kansas (*Marc White*). — Texas : Gillespie Co., Crab Apple (*G. Jermy*). —Texas : Austin, dry hills, 1872; n° (208) 2329 (*Elihu Hall*). — Texas : Giddings open woods, 22 mai 1872 ; n° (209) 2230 (*Elihu Hall*).— West Texas : Tarrant Co., sandy soil, avril-mai (*J. Reverchon*). — Texas : near Dallas, dry rocky soil, avril-juin n° 15182 (*J. Reverchon*). — Oklahoma : stillwater, n° 194. — Missouri : Sheffield, common, 1er juin 1894 ; n° 321 (*B. F. Bush*). — Texas : prairies de San

Bernadino, à 16 milles à l'ouest de San Félipe, mais les feuilles ne sont pas rigides, 1844; n° 238 (*F. Lindheimer*).

Var. **Douglasii** Lévl. — Texas: Brayos Co., College Hill, juill. 1888 (*L. H. Pammel*). — Wyoming: Blue Grass Creek, 9 juill. 1894; n° 375 (*Aven Nelson*). — Nord-Ouest et Canada, 1838; n° 119 (*Nicollet*). — Near Arkansas, crossing Santa Fe road, 10 juin 1846, n° 441 (*Dr A. Wislizenus*).

Var. **pinifolia** Engelm. — Texas : prairie bei N. Braunfelds, mai 1846; n° 394 (*F. Lindheimer*). — Texas : Industry, 1844. — Texas : Giddings, open woods, 22 mai 1872; n° (209) 2230. Mêlé au type (*Elihu Hall*). — Glass Mts. O. T. 13 juill. 1899, n° 142. Plus petit sous tous rapports et buissonnant (*Marc White*).

Var. **maculata** Lévl. — South Texas : Kerr Co., Kerrville, 1600-2000 feet, 19-25 avril 1894; n° 1600 (*A. Arthur Heller*). — Texas : Gillespie Co., Tyvidale (*G. Jermy*). — Texas : San Antonio, 28 avril 1846; n° 393 (*F. Lindheimer*).

Var. **integrifolia** Lévl. — 1845; n° 47 (*Frémont*).

(Cette page commencera la 2e partie).

www.ingramcontent.com/pod-product-compliance
Ingram Content Group UK Ltd.
Pitfield, Milton Keynes, MK11 3LW, UK
UKHW021433090726
13657UKWH00003B/1060